采油工程

2024 年第 1 辑

大庆油田有限责任公司采油工艺研究院　编

U0299013

石油工业出版社

图书在版编目（CIP）数据

采油工程 . 2024 年 . 第 1 辑 ／ 大庆油田有限责任公司
采油工艺研究院编 . — 北京 ： 石油工业出版社，2024.3
　　ISBN 978-7-5183-6576-0

　　Ⅰ. ①采… Ⅱ. ①大… Ⅲ. ①石油开采 Ⅳ.
①TE35

　　中国国家版本馆 CIP 数据核字（2024）第 053497 号

《采油工程》编辑部

地　　　址：黑龙江省大庆市让胡路区西宾路 9 号采油工艺研究院
邮　　　编：163453
电　　　话：0459-5974645　　010-64523589
邮　　　箱：cygc@ petrochina. com. cn

出版发行：石油工业出版社
　　　　　（北京安定门外安华里 2 区 1 号　　100011）
网　　　址：www. petropub. com
经　　　销：全国新华书店
印　　　刷：北京晨旭印刷厂

2024 年 3 月第 1 版　　2024 年 3 月第 1 次印刷
880 毫米×1230 毫米　开本：1/16　印张：5.5
字数：158 千字

定价：45.00 元

采油工程

2024年 第1辑

目 次

增产增注技术

人工举升与节能

钻完井与修井

油气藏工程及方案优化

OIL PRODUCTION ENGINEERING

Contents

致密油层直—平联合开发区块增能压裂优化设计方法
——以朝阳沟油田朝 X 区块为例

蒋成刚[1,2]

（1. 大庆油田有限责任公司采油工艺研究院；2. 黑龙江省油气藏增产增注重点实验室）

摘　要：为进一步解决大庆外围油田朝 X 区块压后初期产量低、递减快、阶段采出程度低等问题，实现单井产量、采油速度和最终采收率"三高"，研究了直—平联合开发区块优化设计方法。通过"优压差舍、同优同压"的直—平联合改造模式，提高储层可动用缝控储量；采取前置增能体积压裂工艺，促进蓄能增能和油水渗吸置换作用。现场应用结果表明，直—平联合主力层储量动用率为 83.3%，区块整体储量动用率达到 81.7%；水平井平均焖井时间为 43d，平均返排见油时间为 3d，见油返排率均低于 1%。直井初期平均日增油 3.3t，比方案预测高 0.8t。朝 X 区块增能压裂优化设计方法为致密油层改造和提高采收率提供了重要思路。

关键词：致密油藏；直—平联合；前置增能；提高采收率；压裂改造

朝 X 区块采用 300m×150m 线性注水井网进行开发，常规压裂规模较小（平均单井加砂强度为 3m³/m，平均单井加液强度为 18.2m³/m），无法建立有效的驱动体系。近年来，大庆外围油田致密油区块不断探索水平井体积压裂开发模式，增加了单井泄油面积，产量明显提高，取得了较好的开发效果[1-4]。此次改造以井网与改造规模相匹配为原则，针对井网与体积压裂缝网匹配差的实际情况，采取直—平联合开发模式。由于区块纵向上主力油层发育相对集中，考虑与周围直井平面位置关系，开展了整体优化设计工作。提出直—平联合、前置增能、体积压裂高效开发技术，通过大规模体积压裂提高了改造区块地层压力，强化渗吸置换作用的同时，实现了储层的蓄能增能，先导试验井初期增油效果明显。

1 问题提出

朝 X 区块采用 300m×150m 线性注水井网进行开发，与压裂改造规模匹配度差。该区块发育 FI5₂

和 FⅡ3 两个稳定的主力层，通过对该区块生产动态进行数值模拟历史拟合分析，得到目前试验区压力场与剩余油饱和度分布图（图 1 至图 4）。

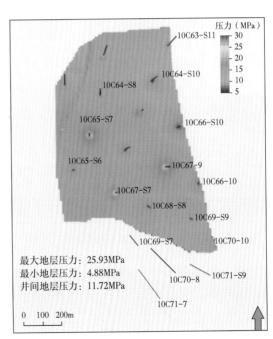

图 1　朝 X 区块 FⅠ5₂ 层地层压力分布图

作者简介：蒋成刚，1981 年生，男，高级工程师，现主要从事压裂增产改造相关工作。
邮箱：40581343@qq.com。

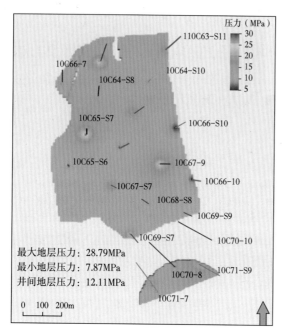

图 2 朝 X 区块 FⅡ3 层地层压力分布图

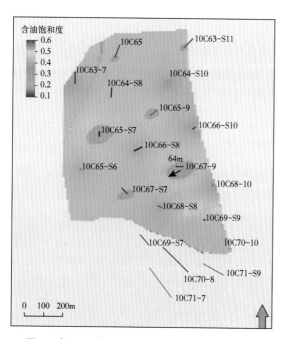

图 3 朝 X 区块 FⅠ5₂ 层剩余油饱和度分布图

结果表明：该区块含油饱和度较高，为 49.1%；采出程度较低，为 1.62%；剩余油整体富集，挖潜潜力较大。由于储层物性较差，油水井间难以建立有效驱动体系，注水井憋压严重，注水井井底附近压力高（28.79MPa），采油井井底附近压力低（4.88MPa）。

从图 3、图 4 和图 5 可知，水驱波及面积小，井间含油饱和度高，油层动用程度差。其中，FI5₂

层原始地质储量为 13.21×10⁴t，采出 0.42×10⁴t，剩余储量为 12.79×10⁴t；FⅡ3 层原始地质储量为 14.90×10⁴t，采出 0.53×10⁴t，剩余储量为 14.37×10⁴t。两个主力油层基本未动用。从区块剩余油储量丰度（图 5）可知，区块整体动用程度较低，井间剩余储量较高。

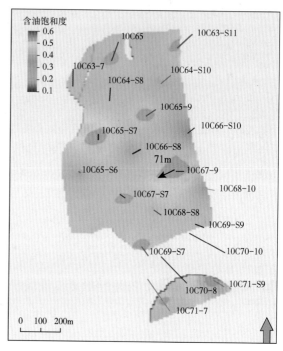

图 4 朝 X 区块 FⅡ3 层剩余油饱和度分布图

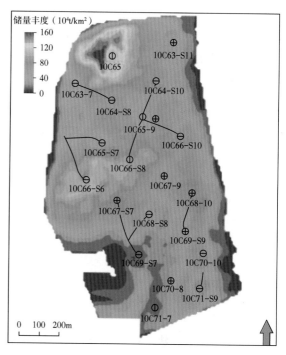

图 5 朝 X 区块剩余油储量丰度分布图

由于区块原有的油水井之间井距较大，油水井之间无法建立起有效的驱动体系，为重构开发井网，通过加密部署 4 口水平井，采取直—平联合开发模式，实现了主力砂体缝控储量最大化。加密后与周围已有开发井的距离为 150m，可有效缩短注采井距（图 6 至图 8）。4 口加密水平井平均水平段长度为 731.8m，砂岩钻遇率为 91.5%，油层钻遇率为 84.8%。

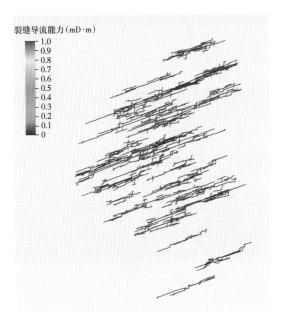

图 6　朝 X 区块 FⅠ5$_2$ 层加密前缝控储量图

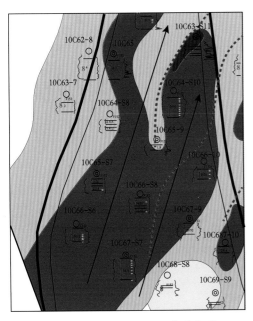

图 7　朝 X 区块水平井加密井位图

图 8　朝 X 区块 FⅠ5$_2$ 层加密后缝控储量分布图

2 技术解决方案

2.1 直—平联合压裂优化设计方法

由于区块以加密水平井动用储量为主，纵向上发育的水平井目的层也是直井的主力油层，同时两侧受断层夹持因素影响，如果直井不改造，储量损失较大，因此进行直—平联合优化设计[5-6]。

建立朝 X 区块水平井模型，针对 FⅠ5$_2$ 层开展了两口水平井及周边对应 11 口直井的不同开发方式的数值模拟研究。对此开展了两套对比方案：方案一，以压裂 2 口水平井为主，半缝长控制在 140m 左右，周边 11 口直井对应层位不压裂(图 9)；方案二，直—平联合开发，直井和水平井均压裂，半缝长为 100~140m，其中水平井对应直井压裂段位置进行避射和控制规模，最大限度动用两侧储量(图 10)。

根据以上两套方案的数值模拟结果可知，方案一可实现水平井的单井相对高产，但是对区块总体产油贡献较方案二低；直—平联合开发方式可实现该层位的整体动用。因此采取方案二的直—平联合开发方式进行方案优化。

按照"地质工程一体化、立体设计、立体改造"及"缝控储量最大化"的思路，通过直—平联合，根据直井与水平井钻遇储层类型，建立了"平优直差、平改直不改""平差直优、直改平不改""平优直优、平改直改、合理避缝"3 种立体改造模式，指导区块整体改造（表 1）。

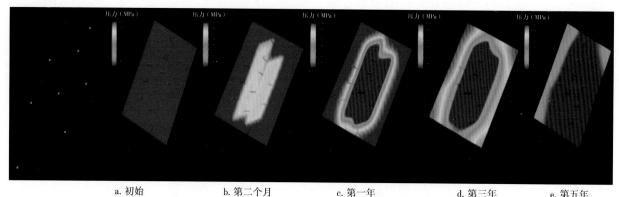

　　a. 初始　　　　　　　　b. 第二个月　　　　　　c. 第一年　　　　　　　d. 第三年　　　　　　e. 第五年

图 9　采取水平井改造直井不改造的情况下压力变化示意图

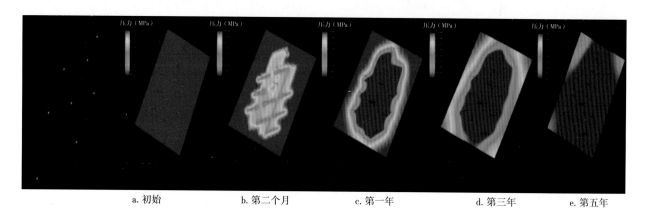

　　a. 初始　　　　　　　　b. 第二个月　　　　　　c. 第一年　　　　　　　d. 第三年　　　　　　e. 第五年

图 10　采取直—平联合开发情况下压力变化示意图

表 1　朝 X 区块直—平联合改造模式表

模式	储层特征		改造方式		储层模式示意图
	储层发育模式	储层发育特征	储层改造方式	压裂设计	
一	平优直差	直井主应力方向水平段为 I 类（好）、I 类（中）储层； 直井的水平井目的层单层有效厚度大于 2.5m； 直井的水平井目的层单层有效厚度小于 2.5m，全井有效厚度占比小于 30%	平改直不改	水平井体积压裂充分改造； 设计半缝长为 140m，簇间距为 10m； 直井的水平井目的层不压裂	
二	平差直优	水平井为 I 类（中）、Ⅱ 类储层； 直井单层有效厚度大于 2.5m	直改平不改	水平段直井主缝投影 30m 内不改造，范围以外正常压裂改造，I 类（中）簇间距为 10m，Ⅱ 类簇间距为 15m； 直井的水平井目的层缝网压裂充分改造，半缝长 140m	
三	平优直优	直井主应力方向水平段为 I 类（好）、I 类（中）储层； 直井的水平井目的层单层有效厚度大于 2.5m	平改直改合理避缝	水平段直井主缝投影 30m 内不改造，向外逐渐加大规模，设计半缝长 100~140m，簇间距为 10m； 直井的水平井目的层缝网压裂控制规模改造，设计半缝长为 120m	

通过方案优化，按照直—平联合开发的优化设计方案，完成了区块 4 口水平井及直井压裂设计，水平段改造比例为 87.5%，直井改造比例为 97.4%；直—平联合主力层储量动用率为 83.3%，比不改造直井动用率高 16.8%，区块整体储量动用率达到 81.7%。

2.2 压前蓄能优化设计方案

借鉴其他油田蓄能压裂理念，压裂方案设计主要是优化井网各井的簇间距及蓄能方案，进一步提高产量和延长稳产期。

2.2.1 合理簇间距优化设计

模拟了不同簇间距条件下 5 年累计产油量，结果表明：簇间距由 15m 减小至 10m 时，产能增加幅度较大；进一步缩小至 8m 和 5m 时，累计产油量增加幅度较小。按照油价 45 美元/bbl 计算投入产出比，优选 8~10m 簇间距进行布缝效益最优（图 11）。

2.2.2 水平井区蓄能方案优化

朝 X 区块整体采出程度低，但该区块属于欠压油藏，可通过前置蓄能来提高地层压力[7-8]。根据水平井实际钻遇情况建立地质模型，考虑与周围直井避射砂岩段影响，以当前地层压力 11.7MPa、压力系数 0.79 为基准，模拟储层在达到地层压力系数 1.1、地层压力 16.2MPa 的条件所需的蓄能液用量为 4547~9323m³，平均单井用量为 6705m³；周围直井以目前采出程度为依据，建立协同补能优化图版，单井补能用量为 1800~3640m³（平均为 2866m³）（图 12）。

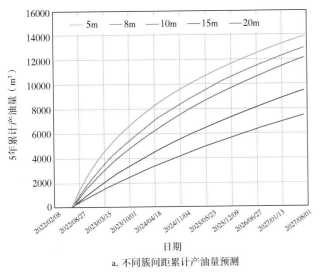

a. 不同簇间距累计产油量预测

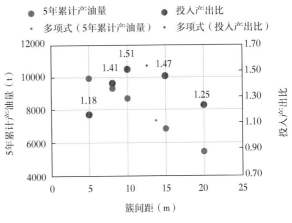

b. 不同簇间距效益对比图

图 11　不同簇间距累计产油量预测和效益对比图

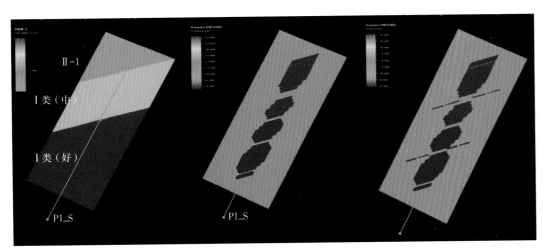

图 12　区块直—平联合蓄能模拟图

2.2.3 施工规模优化

采用软件 MFrac 模拟不同类型储层前置增能驱油剂和一体化滑溜水压裂液组合条件下裂缝形态，优化不同阶段加液量和加砂量，如图 13、图 14 所示。以 I 类（好）储层 140m 半缝长为例，采用单簇 109m³ 驱油液、压裂液量 232m³、加砂量 27m³，可满足半缝长及导流需求。

4 口加密水平井均采用连续油管水力喷射环空加砂压裂工艺，平均单井压裂施工 68 段，加入石英砂 1583m³、驱油液 6714m³、一体化滑溜水 13816m³，加砂强度为 2.5m³/m，加液强度为 32.2m³/m。优化周边直井，平均单井加入石英砂 327m³，入井总液量为 6529m³。

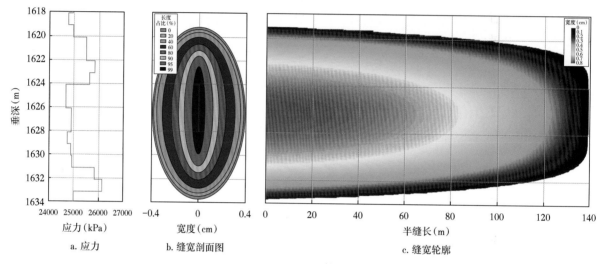

图 13　模拟裂缝剖面图

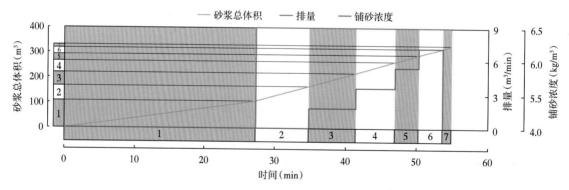

图 14　泵注程序图

3 现场应用

通过直—平联合优化设计，4 口水平井平均水平段改造 640m，改造比为 87.5%；直井平均改造比为 97.4%，区块总体动用储量为 38.56×10⁴t，总体储量动用率为 81.7%，直—平联合主力层储量动用率为 83.3%，比不改造直井主力层动用率高 16.8 个百分点。

4 口水平井平均焖井时间为 43d，平均返排见油时间为 3d，见油返排率均低于 1%。其中率先投产的朝 X3-2 井采用连续油管施工工艺压裂 58 段。根据方案优化设计 I 类（好）储层缝间距 8m、I 类（中）储层缝间距 10m 进行布缝，平均簇间距为 8.4m；并根据直—平联合压裂优化方案设计要求，水平井避射砂岩段 40m，全井加入驱油液 5332m³、一体化滑溜水 16129m³，加砂强度为 2.6m³/m，加液强度为 34.2m³/m，焖井 44d 后开井生产，返排 2d 即见油，见油返排率仅为 0.9%。

2022 年 11 月底已装机生产，初期日产液量为 49.7t，日产油量为 16.5t，含水率为 66.8%，比方案预测的 7.2t 高 9.3t。周边直井已投产 5 口井，初期平均单井日增油 3.3t，比方案预测高 0.8t。直—平联合开发区块增能压裂初步见到较好效果。

4 结　论

（1）针对朝 X 区块储层复杂、常规压裂方法不适用的情况，优化设计直—平联合压裂方案，建立平优直差、平优直优、平差直优 3 种立体改造模式，从而实现缝控储量最大化。

（2）致密油藏采用水平井前置增能体积压裂工艺开发技术，可增强造缝能力，提高基质渗透率，加快见油时间，增加单井产量。

（3）下一步会以致密油层的压裂增能方案为基础，在页岩油层开展相关压裂研究，提高页岩储层渗流能力，增强单井产能。

参考文献

[1]　袁春敬，汪玉梅，杨光．大庆油田致密扶杨油层缝网压裂技术研究与应用［G］∥大庆油田有限责任公司采油工程研究院．采油工程文集 2017 年第 3 辑．北京：石油工业出版社，2017：26-32.

[2]　邓贤文，姜滔，杨宝泉，等．塔木察格油田水平井压裂效果影响因素分析［G］∥大庆油田有限责任公司采油工程研究院．采油工程 2023 年第 1 辑．北京：石油工业出版社，2023：64-68.

[3]　吴忠宝，李莉，张家良，等．低渗透油藏转变注水开发方式研究：以大港油田孔南 GD6X1 区块为例［J］．油气地质与采收率，2020，27（5）：105-111.

[4]　罗锋，刘韵，黎华继，等．低压多层系气藏有效开发关键技术［J］．石化技术，2019，26（5）：174-175.

[5]　李扬成，汪玉梅，杨光．论压裂驱油技术在大庆油田的应用［J］．中国石油和化工标准与质量，2017，37（23）：163-164.

[6]　于欣，张猛，贺连启，等．清洁压裂液返排液对致密油藏自发渗吸驱油效果的影响［J］．大庆石油地质与开发，2019，38（1）：162-168.

[7]　李传亮，毛万义，吴庭新，等．渗吸驱油的机理研究［J］．新疆石油地质，2019，40（6）：687-694.

[8]　王发现．致密油水平井重复压裂技术及现场试验［J］．大庆石油地质与开发，2018，37（4）：171-174.

直井多段大规模压裂工艺技术研究与应用

陈佳丽

（大庆油田有限责任公司采油工艺研究院）

摘 要：低渗透难采储层物性差，常规改造工艺难以实现效益开发，采用多分支缝压裂工艺虽见到良好的效果，但是大规模压裂时，压裂工具磨损严重，管柱卡、工具断等问题频繁出现并影响安全施工，且还存在压裂施工防喷功能不配套问题。通过数值模拟、工具结构优化设计、材料优选等，研制了 Y344 封隔器/混动坐封解封 YK 封隔器、耐磨蚀导压喷砂器、压控防喷器等关键压裂工具。经室内实验与现场试验，直井多段大规模压裂工艺满足耐温 150℃、承压 80MPa、施工排量 8m³/min、加砂规模 516m³、单趟管柱 8 段压裂技术指标，并在现场应用 155 口井，为海拉尔、塔木察格油田等难采储层低效开发治理提供了技术支持。

关键词：直井；多段；大规模；分段压裂；压控防喷器

大庆油田低渗透复杂断块和岩性等难采储层具有非均质严重、横向不连续、纵向不集中、油层单层厚度薄等特点，只有通过大规模压裂增大裂缝与储层接触体积才能实现有效动用和经济开发[1-2]。在大规模多段压裂施工中，由于施工排量、施工规模等大幅度提高（排量为 4~8m³/min、加砂量为 120~500m³），携砂流体流速急剧增大，常规压裂工具易断、胶筒易损坏、管柱卡、管柱振动加剧等时有发生，导致施工效率低、增加成本且存在安全隐患。

常规压裂工艺管柱不具备防喷功能，在压裂起下管柱过程中会有油污喷出地面，造成污染。为满足"新环保法"要求，前期采用罐车拉液降压后再起管下管柱，但施工周期长，严重影响生产进度。对此也曾尝试采用带压作业技术，但同常规作业相比，需要配套专用井口、地面设备、油管内桥塞和专业人员操作，这使常规作业升级为特种作业，技术工序复杂、效率低、成本高，无法满足油田规模化施工需要。因此有必要对直井多段大规模压裂工艺技术进行研究。

1 工艺管柱结构及原理

直井多段大规模压裂工艺管柱主要由压控防喷器、水力锚、Y344 封隔器/混动坐封解封 YK 封隔器、耐磨蚀导压喷砂器等组成（图1）[3]。利

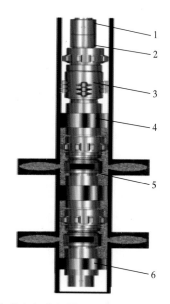

图1 直井多段大规模压裂工艺管柱结构示意图
1—压控防喷器；2—安全接头；3—水力锚；4、6—Y344 封隔器/混动坐封解封 YK 封隔器；5—耐磨蚀导压喷砂器

作者简介：陈佳丽，1989 年生，女，工程师，现主要从事采油工程方案设计工作。
邮箱：chen-jiali@petrochina.com.cn。

用耐磨蚀导压喷砂器产生的节流压差使封隔器坐封，通过导压喷砂器加砂，完成对目的层的多段压裂，压后反洗井关闭压控防喷器，实现不放喷就可以起下压裂工艺管柱。

2 关键工具

2.1 混动坐封解封 YK 封隔器

低渗透致密储层压裂施工中，既要满足初期高压小排量的施工需求，还要达到压裂施工中长期高压加砂的要求，更要实现压后快速解封的目的，为此研制了混动坐封解封 YK 封隔器（图2）。该封隔器采用大通径低节流设计，坐封以机械为主、液压为辅，以上提管柱的方式解封，有效提升了致密储层高压施工的稳定性及安全性。

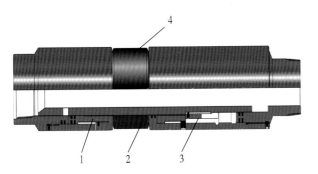

图 2　混动坐封解封 YK 封隔器结构示意图

1—异步坐封机构；2—密封机构；3—控制机构；
4—复合式密封胶筒

2.1.1 混动坐封解封机构

混动坐封解封 YK 封隔器在压裂施工过程中受压力波动、管柱振动等影响，易造成工具损坏失效。采用模拟软件对坐封解封机构的工作状态进行仿真分析，选用加工性能好、抗疲劳、高硬度、韧性强的超高强度合金钢，采用特殊热处理工艺，并对封隔器的坐封机构、解封机构进行防砂设计，以提高工艺可靠性。

2.1.2 复合式密封胶筒

采用 Solidworks 设计软件对复合式密封胶筒（图3）进行结构优化及工作状态模拟，并对承压密封机理进行探索。将原三胶筒设计为复合式密封结构单胶筒，使坐封力降低 70%，有利于满足高压小排量压裂施工需求。

图 3　复合式密封胶筒照片

研制高强度 HNBR 胶料及配伍添加剂，胶料强度提高了 23%。对各种端部角度和护肩结构复合式密封胶筒进行二次成型硫化工艺试验研究，利用高温、高压油浸实验对该胶筒进行若干批次考核验证。在 20kN 低坐封力下，封隔器充分坐封，承压可达 80MPa，残余变形率为 3% 以下，低坐封力下承高压性能较常规结构胶筒显著提升。

2.2 耐磨蚀导压喷砂器

导压喷砂器用于大排量、大规模加砂时，工具磨蚀严重，易导致工具断裂、余部管柱起不出等事故，严重影响施工效率和管柱安全性，制约了大规模压裂工艺的发展。为提高导压喷砂器在大排量、大砂量、长时间施工的稳定性，通过流态模拟软件仿真分析进行结构优化、选材，设计了集滤砂导压、喷砂、建立节流压差多功能于一体的耐磨蚀导压喷砂器。

2.2.1 耐磨蚀结构模拟优化

2.2.1.1 喷嘴与喷砂口间距优化

导压喷砂器喷嘴与喷砂口的间距是影响工具磨蚀程度的一项关键因素。利用流态模拟软件对不同间距进行分析与数值模拟，结果表明，将原喷嘴与喷砂口的间距增大 50mm，流速降低 30%，涡流区减小 45%，可以降低工具的磨蚀程度[4]。

2.2.1.2 衬套孔数及喷砂口形状优化

导压喷砂器衬套孔数及喷砂口形状是影响工具磨蚀程度的另一项关键因素。出水管线多个出水口中的一个出水后，其余出水口也会受干扰。先确定衬套孔数，再优化喷砂口形状。大排量、大砂量水力压裂施工时，导压喷砂器相邻喷砂口间发生连通，这与颗粒速度分布和携砂液的返溅磨蚀有关。为此，首先分析了不同衬套孔数对磨蚀的影响，在保证正常喷砂的前提下，分析了衬套孔数为 4 孔和 5 孔，且喷砂口形状由单一圆形设计为"圆形+椭圆"并采用变间距组合（图 4）情况下的流场。从流场分析看，通过衬套孔数和喷砂口形状的优化，将 5 圆孔结构优化为不规则 4 孔结构，提高了每级喷砂口利用率，使流态更合理，并减小了涡流区，提高了导压喷砂器过砂能力，在导压喷砂器内部对携砂液形成了"阻流"效应，迫使携砂液均匀流经每级喷砂口，有效减缓了局部磨蚀[5]。

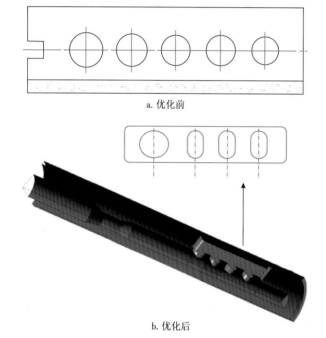

a. 优化前

b. 优化后

图 4　导压喷砂器衬套孔数和喷砂口形状
优化前后结构示意图

2.2.2 整体结构设计

一是依据模拟优化结果在耐磨蚀导压喷砂器内部增加"阻流"设计，使常规局部磨蚀变为均匀磨蚀。二是在远离易磨蚀区域设计导压通道，防止未经滤砂的压裂液进入下封，确保下封有效坐封和可靠解封。三是对导压喷砂器主体和下接头采用一体化设计，并将内部多孔衬套、喷砂口和主体外壁设计为全覆盖"装甲式"防反溅结构，选用耐磨蚀合金材料加工，有效减缓磨蚀损毁。

优化设计后的导压喷砂器在 8m³/min 施工条

件下，加砂规模由 80m³ 提至 516m³，磨损相对较轻（图 5），并可在现场应用[6]。

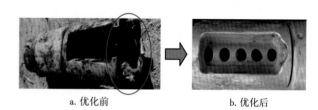

a. 优化前　　　　　　　　b. 优化后

图 5　耐磨蚀导压喷砂器优化前后应用情况对比照片

2.3 压控防喷器

为适应新"环保法"要求，压裂施工时必须配套防喷工艺。前期是采用带压作业机结合油管堵塞器进行现场施工，施工时间长，施工程序繁琐且施工成本高。因此为实现压裂管柱快捷起下时绿色环保施工，围绕解决密封可靠性、重复开关及开关控制方式等 3 个关键技术入手，研制了压控防喷器。

压控防喷器原理：压裂管柱下入时防喷器关闭；压裂施工时，油套压差达到预定值时防喷器开启；逐层投球完成压后上提管柱前，反洗关闭防喷器，从而实现防喷起下管柱[7]。

2.3.1 密封结构设计

2.3.1.1 密封总成结构设计及选材

将常规 L 形密封设计为"自封芯"式密封结构，形成具有自补偿功能的"自封+压差"双重密封结构，密封元件优选了耐介质性能高的 HNBR 材料。当压控防喷器关闭时，中心阀板在扭簧作用下与自补偿密封元件接触形成初封，在压差作用下则密封更加可靠，可避免传统 L 形密封元件因井内介质浸泡而膨胀造成的阀板关不严现象，从而有效解决了以往压控防喷器重复开关密封性能差的问题。

2.3.1.2 重复开关结构设计及选材

重复开关主要由扭簧、阀板、阀板轴等组成。为确保阀板在扭簧预紧力下能成功实现关闭动作，将传统的单作用扭簧设计为双作用扭簧，使扭簧作用点由偏心变为中心，改善了受力状态。同时，通过试验研究，优选特种优质合金材质加工扭簧，并经时效处理，与传统弹簧钢材质相比，弹性和抗疲劳性提高了 30%。阀板优选轻质合金材料加工，重量仅为常规材质的 1/3，防喷承压可达

30MPa；阀板轴材料选用高强度和韧性兼具的合金钢，实现了重复多次工作后不变形、不断裂。

2.3.2 液控机构设计

一是压控防喷器控制结构由传统的弹簧设计改为弹簧爪结构，实现了 1~30MPa 压控可调，避免开关误操作，增大了调节范围，可满足不同储层多段防喷需求。二是基于井下"电子眼"压力计实测结果和拟合分析（图 6），建立了压控防喷器开关压差和施工排量关系图版（图 7），为确定不同油藏的开启压差和关闭压差提供依据。

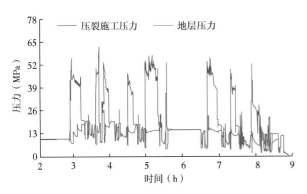

图 6　井下"电子眼"压力计实测结果回放曲线图

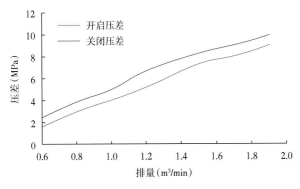

图 7　压控防喷器开启、关闭压差和施工排量关系曲线图

3 现场应用

采用 Y344 封隔器/混动坐封解封 YK 封隔器、耐磨蚀导压喷砂器等组成的直井多段大规模压裂工艺在现场应用 155 口井，达到了耐温 150℃、承压 80MPa、施工排量 8m³/min、加砂规模 516m³、单趟管柱满足 8 段的压裂技术指标，施工成功率达到 95% 以上。

低渗透致密储层塔 2X、塔 X、塔 28X 区块压后初期平均单井产油量由 0.86t/d 提升至 16.1t/d，实现压后弹性开采。

压裂防喷工艺的成功研发，在不增加工序和难度的条件下，大幅降低了施工成本，解决了压裂施工中的防喷问题。

4 结　论

（1）直井多段大规模压裂工艺满足耐温 150℃、承压 80MPa、施工排量 8m³/min、加砂规模 516m³ 的直井多段大规模压裂需求。

（2）压控防喷器的研制实现了直井多段大规模压裂工艺的绿色环保施工，提升了压裂工艺技术水平。

（3）直井多段大规模压裂工艺对水平井分段压裂、深层气多层压裂等工艺优化施工排量和加砂规模具有借鉴意义。

参考文献

[1] 吴奇，胥云，王晓泉，等. 非常规油气藏体积改造技术：内涵、优化设计与实现 [J]. 石油勘探与开发，2012，39（3）：352-358.

[2] 吴奇，胥云，张守良，等. 非常规油气藏体积改造技术核心理论与优化设计关键 [J]. 石油学报，2014，35（4）：706-714.

[3] 张洋. 不动管柱多层压裂工艺技术 [J]. 科学技术与工程，2011，11（35）：8869-8871.

[4] 张晓川，王金成，王澈，等. 海拉尔油田直井大排量大规模分段压裂工艺管柱研究 [J]. 化学工程与装备，2016（2）：98-100.

[5] 张晓川，王金友，李琳，等. 水平井大规模压裂喷砂器磨蚀分析优化及现场试验 [C]//2018 北京国际石油石化技术会议，2018.

[6] Wang J Y. Research and Application of Dual Packer Multistage Control Fracturing Technology in Horizontal Wells [C]//2018 International Field Exploration and Development Conference (IFEDC2018).

[7] 张春辉，李琳，王金友. 水平井压裂防喷装置的研制及应用 [G]//大庆油田有限责任公司采油工程研究院. 采油工程文集 2017 年第 1 辑. 北京：石油工业出版社，2017：21-24.

新型全液态变黏滑溜水压裂液性能评价及现场应用

尚宏志[1,2]，范克明[1,2]，王尚飞[1,2]，朱文波[1,2]，刘荣全[1,2]

(1. 大庆油田有限责任公司采油工艺研究院；2. 黑龙江省油气藏增产增注重点实验室)

摘　要：随着非常规井压裂施工规模逐渐增大，压裂液用量不断提升，压裂成本不断升高，如何降低压裂液成本且性能满足现场施工要求成为大规模压裂实施的关键因素。为降低压裂液成本，研制了新型全液态变黏滑溜水压裂液配方，优选耐剪切聚合物稠化剂，采用有机金属锆交联剂与聚合物交联，提高压裂液的增黏携砂性能；加入复合添加剂，提高压裂液的破乳助排及防膨性能，形成了低黏滑溜水和高黏滑溜水两套配方。室内实验表明，低黏滑溜水和高黏滑溜水基液增稠性能良好，高排量下的降阻率超过50%，破胶液黏度不大于5mPa·s，表面张力不大于32mN/m，界面张力不大于3mN/m，高黏滑溜水60min剪切后黏度仍能达到52.1mPa·s，性能满足现场应用要求。该配方综合成本仅60.4元/m³，大幅降低了压裂液成本，为非常规井大规模压裂施工提供了保障。

关键词：全液态；压裂液；低成本；稠化剂；耐剪切

随着低渗透、超低渗透油田勘探开发的深入，压裂液单井使用液量已高达 $8×10^4m^3$ 以上；目前在用的压裂液综合成本偏高，无法满足大规模压裂需求[1-2]。瓜尔胶压裂液是目前国内外应用最广的压裂液，综合成本达198元/m³。国外斯伦贝谢公司研发了一种乳液黏性滑溜水，2018年在北美致密油采用该滑溜水连续携砂压裂128口水平井，综合成本达270元/m³[3-4]。国内渤海钻探等公司开展了变黏滑溜水压裂液配方研究，压裂液配方为非交联体系，稠化剂用量都在0.5%及以上，药剂成本在78元/m³以上。大庆油田在用的聚合物压裂液稠化剂为乳液，配方为非交联体系，综合成本为70.3元/m³[5]。为此，开展了新型全液态变黏滑溜水压裂液研究，综合成本为60.4元/m³，且相比于大庆油田当前广泛应用的瓜尔胶和聚合物压裂液有更好的携砂性能，为大规模压裂施工提供了保障。

1 配方体系

优选耐剪切聚合物稠化剂，采用有机金属锆交联剂与聚合物交联，可提高压裂液的增黏携砂性能；加入复合添加剂，可提高压裂液的破乳助排及防膨性能。因此形成了低黏滑溜水和高黏滑溜水两套配方（表1、图1）。低黏滑溜水稠化剂用量0.1%，作为前置液无需携砂，不加入交联剂和破胶剂；高黏滑溜水稠化剂用量0.3%，作为携砂液加入交联剂和破胶剂，提高压裂液的携砂性能和返排能力。

表 1　新型全液态变黏滑溜水压裂液配方表

序　号	压裂液	稠化剂（%）	复合添加剂（%）	交联剂（%）	破胶剂（%）
1	低黏滑溜水	0.1	0.4		
2	高黏滑溜水	0.3	0.4	0.1	0.05

第一作者简介：尚宏志，1983年生，男，高级工程师，现主要从事压裂增产改造工作。

邮箱：shanghongzhi@ petrochina. com. cn。

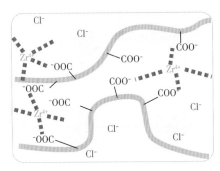

图 1 　新型全液态变黏滑溜水压裂液交联示意图

2 性能评价实验

新型全液态变黏滑溜水压裂液性能评价包括压裂液基液黏度、静态悬砂性能、耐温耐剪切性能、降阻性能、破胶性能及助排性能 6 个方面的评价[6-8]。

2.1 基液黏度评价

压裂液基液黏度决定压裂液的降阻性能和成胶携砂性能。基液黏度测试采用 HAAKE MARS 流变仪 DG41 双夹缝夹具进行测试，测试剪切速率为 100s⁻¹，测试温度（储层温度）为 90℃。通过基液黏度变化，评价新型全液态变黏滑溜水稠化剂对压裂液增稠能力的影响。低黏滑溜水基液黏度平均为 7.9mPa·s，高黏滑溜水基液黏度平均为 34.9mPa·s，增稠性能良好（表 2），满足现场应用要求。

表 2 　全液态变黏滑溜水压裂液基液黏度实验结果表

单位：mPa·s

压裂液	低黏滑溜水	高黏滑溜水
1	7.8	34.2
2	8.2	35.4
3	7.6	35.1
平均	7.9	34.9

2.2 静态悬砂性能评价

压裂液静态悬砂性能是衡量压裂液携带能力的重要指标。压裂液静态悬砂性能越强，支撑剂就越不容易在储层中沉积并造成砂堵。静态悬砂实验采用 100mL 的低黏滑溜水或高黏滑溜水，往滑溜水中加 32g 的 40/70 目石英砂，充分搅拌后静置 20min，观察支撑剂沉降情况。实验结果表明，低黏滑溜水和高黏滑溜水均有较强的静态悬砂能力（图 2），能够保障静态条件下石英砂 20min 不沉降。

a. 低黏滑溜水 　　　　b. 高黏滑溜水

图 2 　静态悬砂实验结果图

2.3 耐温耐剪切性能评价

耐温耐剪切性能是衡量压裂液储层携砂性能的重要指标，该项实验只评价高黏滑溜水。测试采用 HAAKE MARS 流变仪密闭测试系统，测试温度为 90℃，剪切速率由零到 100s⁻¹ 连续变化，变剪切时间为 1min；剪切速率为 100s⁻¹，连续剪切时间为 60min；剪切速率由 100s⁻¹ 降到零连续变化，变剪切时间为 2.5min。连续剪切时间 60min 结束后黏度作为检测结果，当黏度连续 20min 低于 50mPa·s 时，停止实验，记录黏度最接近于 50mPa·s 时的黏度和对应的剪切时间。

实验结果表明，高黏滑溜水黏度随时间增加而逐渐降低，60min 后黏度仍能达到 52.1mPa·s（图 3），耐温耐剪切性能满足现场应用要求。

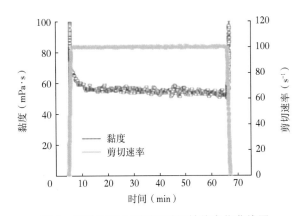

图 3 　高黏滑溜水耐温耐剪切性能变化曲线图

2.4 降阻性能评价

压裂液的降阻性能是预测压裂施工泵压的关键参数，直接影响压裂施工工艺设计。压裂液降阻率越高，可提供的压裂施工压力空间也就越大。

采用摩阻测试仪对清水和压裂液的摩阻分别进行测试，摩阻测试仪管线长度为 30m，管线直径为 0.02m。降阻率计算公式为：

$$K = \frac{X_1 - X_2}{X_1} \times 100\%$$

式中　K——降阻率，%；

X_1——清水摩阻，MPa；

X_2——压裂液摩阻，MPa。

实验结果表明，低黏滑溜水排量为 60L/min 时，降阻率为 55.1%；高黏滑溜水排量为 60L/min 时，降阻率为 52.2%。低黏滑溜水和高黏滑溜水在 50L/min 高排量下的降阻率超过 50%（表3），满足高排量大规模压裂施工现场应用要求。

表 3　全液态变黏滑溜水降阻性能测试结果表

排量（L/min）	清水			低黏滑溜水				高黏滑溜水			
	压差（kPa）		平均压差（kPa）	压差（kPa）		平均压差（kPa）	降阻率（%）	压差（kPa）		平均压差（kPa）	降阻率（%）
20	28.3	28.9	28.6	19.1	20.5	19.8	30.8	22.5	21.9	22.2	22.4
30	52.5	54.5	53.5	29.4	29.9	29.7	44.5	34.9	33.5	34.2	36.1
40	85.6	86.7	86.2	42.9	43.4	43.2	50.0	47.9	46.3	47.1	45.4
50	125.8	129.4	127.6	61.3	59.5	60.4	52.7	62.0	61.5	61.8	51.6
60	177	179.2	178.1	79.5	80.4	80.0	55.1	85.9	84.3	85.2	52.2

2.5　破胶性能评价

破胶性能是衡量压裂液返排性能的重要指标。低黏滑溜水无须加入破胶剂，高黏滑溜水加入破胶剂。装入密闭容器内，在烘箱中加热至 90℃，破胶时间为 24h，取上层清液在 30℃下用 HAAKE MARS 流变仪 DG41 双夹缝夹具测其黏度。测试方法与压裂液基液黏度测试方法相同，即做 3 个平行样，取平均值为检测结果。

实验结果表明，低黏滑溜水和高黏滑溜水 3 个不同的破胶液黏度均小于 2mPa·s（表4），低黏滑溜水破胶液平均黏度为 1.28mPa·s，高黏滑溜水破胶液平均黏度为 1.66mPa·s，破胶性能良好，破胶液黏度满足行标不大于 5mPa·s 的技术要求。

表 4　全液态变黏滑溜水破胶液黏度实验结果表

单位：mPa·s

压裂液	低黏滑溜水	高黏滑溜水
1	1.22	1.56
2	1.27	1.78
3	1.36	1.65
平均	1.28	1.66

2.6　助排性能评价

表面张力、界面张力是衡量压裂液返排性能的另一重要指标。破胶液表面张力、界面张力越小，破胶液从储层中分离时克服阻力就越小，更易返排。表面张力采用克吕士 K100 表面张力仪进行测试，界面张力采用美国科诺 TX500C 界面张力仪进行测试。

实验结果表明，低黏滑溜水破胶液表面张力平均为 24.82mN/m、界面张力平均为 1.06mN/m，高黏滑溜水破胶液表面张力平均为 25.62mN/m、界面张力平均为 1.09mN/m（表5），测试结果满足破胶液表面张力不大于 32mN/m、界面张力不大于 3mN/m 的技术要求。

表 5　全液态变黏滑溜水助排性能实验结果表

序号	表面张力（mN/m）		界面张力（mN/m）	
	低黏滑溜水	高黏滑溜水	低黏滑溜水	高黏滑溜水
1	24.38	25.64	1.06	1.09
2	25.12	26.32	1.02	0.96
3	24.96	24.89	1.11	1.22
平均	24.82	25.62	1.06	1.09

3　现场应用

2022 年采用新型全液态变黏滑溜水压裂液，在大庆油田某井压裂 42 段，全井采用低黏滑溜水压裂液 12830m³、高黏滑溜水压裂液 82188m³，施

工过程最大排量为 18m³/min，最高砂比为 21%（图 4），加入支撑剂总量 5440m³，施工过程全程

无砂堵，施工成功率为 100%，新型全液态变黏滑溜水压裂液满足现场应用的要求。

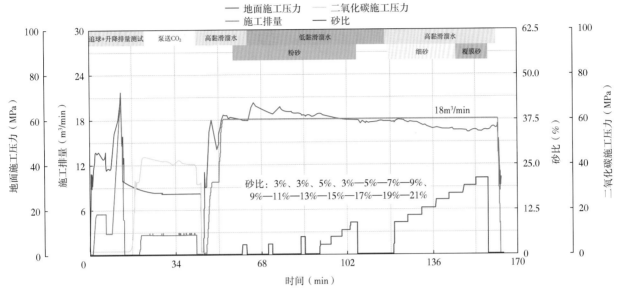

图 4   全液态变黏滑溜水压裂液某井现场压裂施工曲线图

4 结　论

（1）形成了低黏滑溜水和高黏滑溜水两套压裂液配方：低黏滑溜水稠化剂用量 0.1%，作为前置液无需携砂，不加入交联剂和破胶剂；高黏滑溜水稠化剂用量 0.3%，作为携砂液加入交联剂和破胶剂，提高压裂液的携砂性能和返排能力。

（2）室内实验评价低黏滑溜水和高黏滑溜水压裂液基液黏度、静态悬砂性能、耐温耐剪切性能、降阻性能、破胶性能和助排性能良好，满足现场应用要求。

（3）现场全程采用新型全液态变黏滑溜水压裂液试验 1 口井，压裂 42 段，施工过程全程无砂堵，施工成功率为 100%，满足现场应用要求。

（4）下一步将进一步筛选耐盐聚合物稠化剂主剂，提高稠化剂的耐盐性能，满足大规模压裂返排液重复利用的需求。

参考文献

［1］ 李伟 . 低成本不返排压裂液性能表征及现场应用［G］//大庆油田有限责任公司采油工程研究院 . 采油工程 2020 年第 1 辑 . 北京：石油工业出版社，2020：14-17.

［2］ 范克明，尚宏志，杜辉，等 . 压裂返排液对不携砂滑溜水压裂液性能影响研究［G］//大庆油田有限责任公司采油工程研究院 . 采油工程 2022 年第 1 辑 . 北京：石油工业出版社，2022：25-29.

［3］ 郭钢，薛小佳，吴江，等 . 新型致密油藏可回收滑溜水压裂液的研发与应用［J］. 西安石油大学学报（自然科学版），2017，32（2）：98-104.

［4］ 周波，王东军，岳建飞，等 . 页岩深井加重滑溜水压裂液体系制备与性能评价［J］. 中国化工贸易，2015（2）：84.

［5］ 李东旭，王永和，孙雨，等 . 压裂液对松北致密油典型区块储层伤害评价影响研究［G］//大庆油田有限责任公司采油工程研究院 . 采油工程 2021 年第 1 辑 . 北京：石油工业出版社，2021：21-25.

［6］ 肖丹凤，任伟，司淑荣，等 . 两种盐对表面活性剂压裂液黏度影响的实验研究［G］//大庆油田有限责任公司采油工程研究院 . 采油工程 2019 年第 2 辑 . 北京：石油工业出版社，2019：10-15.

［7］ 王小香，吴金桥，吴付洋，等 . 表面活性剂对低渗透油藏渗吸的影响［J］. 石油化工，2019，48（11）：1157-1161.

［8］ 未志杰，康晓东，刘玉洋，等 . 致密油藏自渗吸提高采收率影响因素研究［J］. 重庆科技学院学报（自然科学版），2018，20（2）：39-43.

M2 区块水平井先导性试验效果分析及其借鉴意义

金　力[1,2]

（1. 大庆油田有限责任公司采油工艺研究院；2. 黑龙江省油气藏增产增注重点实验室）

摘　要：为了 M2 区块致密油开采能够实现产能新突破，满足提交石油控制地质储量的要求，对该区块新钻的 5 口水平井体积压裂先导性试验效果进行综合分析。通过储层物性特征、砂体展布特征、压裂施工参数及返排制度 4 个方面对比分析，物性基础是压裂效果好坏的主导因素，缩小簇间距能够有效地提高压裂改造效果。该分析结果可为 M2 区块致密油规模高效开发提供借鉴。

关键词：致密油；水平井；体积压裂；压裂参数；返排制度

致密油在国外较早是指含油的致密砂岩，而在我国起初用于描述低渗透砂岩油藏[1-2]。2010 年邹才能等[3]首次提出"致密油"这一术语，并进一步明确了其概念，特指致密砂岩和致密碳酸盐岩等储层中的石油[4]。随着油田开发的进行，常规储层增储上产潜力在减小，致密油已成为重点开发对象，但储层非均质性强、砂体不连续、单层厚度薄，对以上问题采用水驱开采和常规的压裂方法均无法有效动用[5]。近年来借鉴美国页岩气勘探开发思路，将体积压裂技术应用于致密油开发，旨在增加储层改造体积、提高压裂增产改造效果[6-7]。

M2 区块开采层位是扶余致密油储层，平面上砂体呈近南北向条带状展布，垂向上呈现砂岩发育层数多、多层错叠连片的特点；主力层位砂体发育规模相对较大，有利于开展水平井体积压裂提产。

M2 区块探明储量较大，目前已进入储量池，如果不能够对其有效动用，将面临流转的风险，因此探索提高致密油储层有效动用的方法显得尤为迫切。前期开展的直井缝网提产试验，整体效果未达预期要求，此次开展的水平井大规模体积压裂先导性试验取得了较好效果。通过总结经验、把握规律认识，为下一步规模开发提供了强有力的技术支撑。

1 先导性试验基本情况

M2 区块前期设计施工 AP1 井—AP3 井、AP5 井—AP6 井共 5 口水平探井，开采 F I 1、F I 2、F II 1 和 F II 3 等 4 个层位，平均水平段长度为 952m，钻遇砂岩 842m，钻遇含油砂岩 745m，整体钻遇情况较好。

综合对比 5 口井钻遇情况（图 1），AP3 井钻遇条件最好，以油浸为主；从钻遇储层类型来看（表 1），AP3 井钻遇条件最好，以 I 类储层为主。

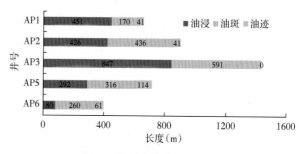

图 1　钻遇含油情况对比图

作者简介：金力，1989 年生，男，工程师，现主要从事压裂方案优化设计工作。
邮箱：704571094@qq.com。

表 1　储层分类情况表

井　号	层　位	Ⅰ-1 类（m）	Ⅰ-2 类（m）	Ⅱ类（m）	Ⅲ类及干层（m）
AP1	FⅠ1	409.6	109.8		180.6
AP2	FⅠ1	327.4	189	398.2	211.6
AP3	FⅡ3	1216	141.4	80.4	16.6
AP5	FⅡ1	366	170.8	196.6	117.6
AP6	FⅠ2		110.2	311.6	230.4
平均		579.8	144.2	246.7	151.4

2　储层再认识

M2 区块扶余油层各小层砂体平均厚度为 1.5 ~ 3.1m，油层平均厚度为 1.0 ~ 3.7m；有效孔隙度中值为 11.4%；油层渗透率中值为 0.5mD；平均原始含油饱和度为 54%。

M2 区块主要发育 4 种砂体类型，分别为突弃河道砂、渐弃河道砂、复合型砂和河间砂。根据前期统计效果得知：突弃河道砂的采油强度最大，平均为 0.42t/（d·m）；其次是渐弃河道砂，为 0.28t/（d·m）；复合型砂和河间砂平均采油强度小于 0.13t/（d·m）。

从 5 口井反演砂体平面展布特征来看（表 2），平面砂体规模由大到小的探井依次为：AP3 井、AP2 井、AP5 井、AP6 井、AP1 井。

表 2　砂体平面展布规模表

井　号	平均距离砂体左边界（m）	平均距离砂体右边界（m）
AP1	18	264
AP2	384	389
AP3	410	578
AP5	268	190
AP6	175	271

3　压裂参数分析

5 口井均采用瓜尔胶压裂液和复合桥塞压裂工

艺，并进行压裂前酸化处理。AP2 井、AP5 井、AP6 井采用 20 ~ 40 目石英砂，AP1 井和 AP3 井采用覆膜砂和 20 ~ 40 目石英砂组合。

3.1　阶段产油强度与簇间距关系

所有井均采用段内 2 ~ 3 簇布缝，簇间距为 21 ~ 39m，加砂强度为 1.0 ~ 2.4m³/m，加液强度为 10.8 ~ 20.2m³/m。分析阶段产油强度与簇间距关系如图 2 所示，除 AP3 井外，簇间距越小，阶段产油强度越大，整体呈较强相关性。

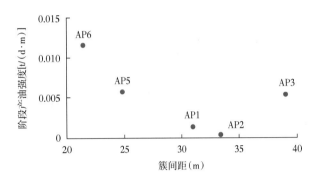

图 2　阶段产油强度与簇间距关系图

AP3 井在相同储层条件下进行了不同簇间距及段内簇数优化试验，即按照每簇砂量一致、液性相同进行裂缝间距对比试验，单簇加砂量为 60m³。第 10 段加砂量为 180m³，采用小簇间距；第 11 段加砂量为 120m³，采用大簇间距。两段均按设计完成加砂。

从示踪剂采样结果来看（图 3），第 10 段的段产油量贡献率和簇产油量贡献率均高于第 11 段；从产油量递减规律来看（图 4），小簇间距与大簇间距的递减速率相似，减小簇间距并没有导致压

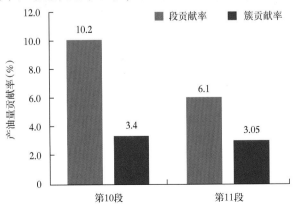

图 3　AP3 井 10-11 段产油量贡献率图

力快速衰减；从累计产油量来看（图 5），小簇间距的累计产油量是大簇间距的 1.66 倍。综合以上结果分析认为，减小簇间距布缝可以提高压裂改造效果。

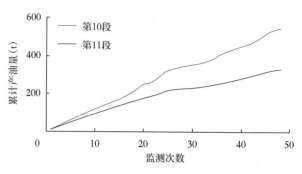

图 5　AP3 井 10-11 段累计产油量图

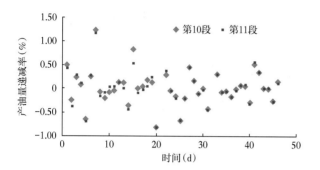

图 4　AP3 井 10-11 段产油量递减率图

另外，根据微地震监测结果（图 6），AP3 井后 7 段在增加规模后，缝长变长，因此要达到设计的缝长需要增加规模。同时 AP3 井簇间距过大，存在未改造区域，需进一步优化。

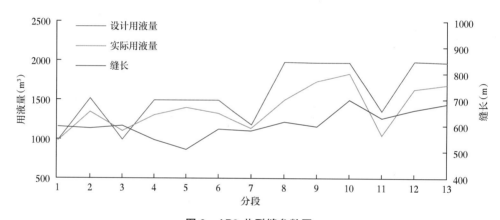

图 6　AP3 井裂缝参数图

3.2 阶段产油强度与改造强度关系

对比 5 口井阶段产油强度与单簇砂量、单簇液量、加砂强度及加液强度的关系（图 7），阶段产油强度与单簇砂量、加砂强度相关性不强，除 AP2 井外，阶段产油强度与单簇液量、加液强度呈一定正相关性。

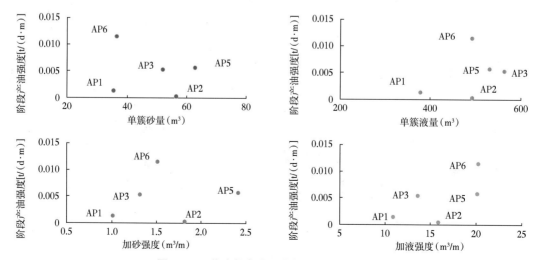

图 7　5 口井阶段产油强度与改造强度关系图

4 返排制度对比

5 口井均采用油嘴放喷和水力泵求产返排制度，

其中 AP1 井压裂后 2.3h 开始放喷，且放喷日排水量达 176.9m³，同时 AP1 井放喷和水力泵求产时间最短（表 3）。

表 3 返排制度参数对比表

井 号	放喷开始时间（h）	油嘴尺寸（mm）	放喷时间（d）	放喷日排水（m³）	放喷日产油量（m³）	水力泵求产时间（d）	水力泵日排水量（m³）	水力泵日产油量（m³）	见油返排率（%）
AP1	2.3	4~10	12.00	176.9	7.20	9.00	51.06	30.56	16.10
AP2	48	2~12	43.44	132.4	0.30	37.00	54.05	0.87	29.91
AP3	72	4~12	49.00	106.0	29.30	27.50	49.20	71.10	15.80
AP5	72	2~12	75.00	134.0	4.70	19.14	49.47	26.29	20.70
AP6	24	2~12	48.00	123.2	2.55	11.00	44.00	19.95	45.40

5 效果分析

对比分析 5 口井长期生产效果（图 8、图 9），AP3 井阶段累计产油量效果最好，达 15247t，其次为 AP5 井和 AP6 井。AP1 井和 AP2 井初期产油量和累计产油量都较低，下面从储层物性、砂体规模、压裂参数和返排制度 4 个方面分析 2 口井低产原因。

（1）AP1 井与 AP5 井含油砂岩长度、含油饱和度等储层物性条件大体相当，但是砂体规模要小于 AP5 井。（2）AP1 井簇间距大于 AP5 井，加砂强度和加液强度均为 AP5 井的一半，平均砂比为 14%，最高砂比 20%，与 AP5 井相比，分别低 5% 和 10%。（3）另外 AP1 井闷井时间短，放喷速度快，返排率低，试油效果要好于 AP5 井，投产后，无论是初期

效果还是长期效果都是差于 AP5 井。综上所述，分析认为，AP1 井一方面受砂体规模影响，另一方面受簇间距、改造强度影响，同时砂比较低，长期导流能力较差，最终影响改造效果。

AP2 井含油砂岩长度、砂体规模、改造强度均较大，返排制度也相对合理，但是改造效果较差，主要受伽马值高、电阻率低、泥质含量高、含油饱和度低影响。

另外，对比分析 5 口井产量递减情况（图 10），AP3 井和 AP5 井初期日产油效果较好，但递减速率较快，AP6 井整体产能递减慢；递减率最大均发生在第 1 年至第 2 年之间，其中 AP1 井和 AP3 井采用覆膜砂与石英砂混合支撑剂，从递减规律来看，未体现出导流优势。

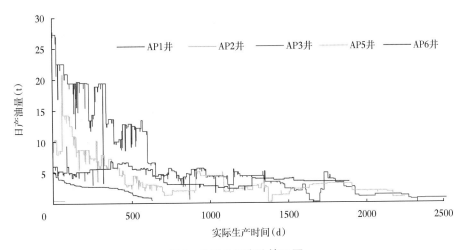

图 8 5 口井日产油情况图

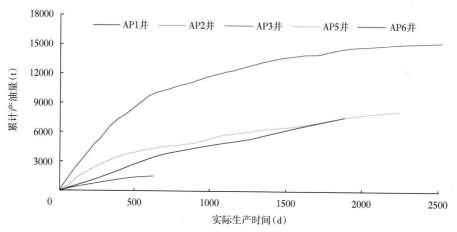

图 9　5 口井累计产油量变化情况图

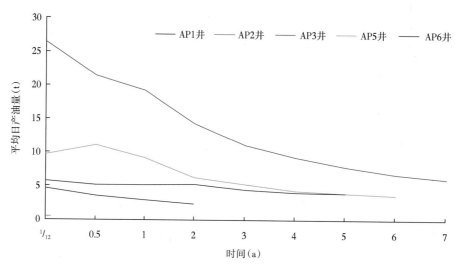

图 10　5 口井产油量递减情况图

6 结　论

（1）水平井体积压裂工艺有效提高压裂效果，为致密油规模高效开发指明了方向。

（2）减小簇间距能增加改造体积，有效提高压裂改造效果，可为后续压裂设计提供借鉴。

（3）压裂改造效果仍主要受物性基础决定，建议对优质储层重点改造。

参考文献

［1］付广，姜振学，张云峰 . 大庆长垣以东地区扶余致密油层成藏系统的划分与评价［J］. 特种油气藏，1998，5（2）：12-17.

［2］王亚娟，张华光，王成旺，等 . 利用微地震测绘和压裂模拟分析进行水力裂缝增长动态研究［J］. 国外油田工程，2006，22（10）：12-17.

［3］邹才能，董大忠，王社教，等 . 中国页岩气形成机理、地质特征及资源潜力［J］. 石油勘探与开发，2010，37（6）：641-653.

［4］邹才能，朱如凯，吴松涛，等 . 常规与非常规油气聚集类型、特征、机理及展望：以中国致密油和致密气为例［J］. 石油学报，2012，33（2）：173-187.

［5］李昂，陈树民，张尔华，等 . 大庆长垣高台子地区扶余油层低孔渗储层地震叠前描述技术［J］. 中国石油勘探，2011，16（增刊 1）：139-147.

［6］吴奇，胥云，刘玉章，等 . 美国页岩气体积改造技术现状及对我国的启示［J］. 石油钻采工艺，2011，33（2）：1-7.

［7］隋阳，刘建伟，郭旭东，等 . 体积压裂技术在红台低含油饱和度致密砂岩油藏的应用［J］. 石油钻采工艺，2017，39（3）：349-355.

低初黏凝胶对在线调堵注入工艺适应性研究

夏军勇[1,2]，周　泉[1,2]，吕　杭[1,2]，柯　可[1,2]，李　萍[1,2]

(1. 大庆油田有限责任公司采油工艺研究院；2. 黑龙江省油气藏增产增注重点实验室)

摘　要：为满足大庆油田聚合物驱后油藏"堵、调、驱"结合的开发技术需求，引入了在线调堵注入工艺流程。该工艺将压力相近的多口注入井合并为一个注入单元由一台注入泵完成注入，解决了橇装调堵注入工艺无法大规模区块调堵施工的难题。但因同一注入单元内各井注入压力并不完全相同，导致各井实际注入组分的质量浓度与配方设计略有差异，为此，开展了低初黏凝胶成胶性能稳定性实验。通过跟踪不同组分质量浓度条件下低初黏凝胶的黏度变化，研究了交联剂、聚合物、稳缓剂质量浓度对低初黏凝胶成胶性能的影响。实验结果表明，低初黏凝胶在保证成胶性能稳定可靠的同时，又能满足油层深部定点封堵需求的交联剂质量浓度在6500～9500mg/L之间、稳缓剂质量浓度在5000～7000mg/L之间、聚合物质量浓度在800～1200mg/L之间。该研究对在线调堵注入工艺现场施工具有一定的指导意义。

关键词：在线调堵；低初黏凝胶；稳定性；成胶性能；交联剂；聚合物

大庆油田聚合物驱后油藏剩余油饱和度低且高度分散，优势渗流通道发育且低效无效循环严重。为有效治理聚合物驱后油藏优势渗流通道，要求调堵剂具有初始黏度低、成胶时间可控、稳定性好、可实现深部定点长期有效封堵的特性，而传统调堵剂性能无法满足该要求。为此，研发了低初黏凝胶调堵剂体系，主要包括聚合物、交联剂、稳缓剂3种组分，初始黏度小于10mPa·s（清水配置），成胶后黏度大于2500mPa·s，成胶时间在30～70d内可控，可以满足聚合物驱后油藏深部定点封堵需求。

橇装调堵注入工艺仅适用于单井组调堵施工，无法满足聚合物驱后油藏"堵、调、驱"结合的整体调堵施工需求[1-2]。因此，需要采用在线调堵注入工艺。现场施工过程中发现在线调堵注入工艺在提高调堵效率、满足规模化调堵施工需求的同时，也存在难以满足单井个性化调堵需求的问题[3-5]。这就要求低初黏凝胶调堵剂成胶性能对配方组分质量浓度变化有一定的耐受空间，因此开展了低初黏凝胶调堵剂配方中聚合物、稳缓剂、交联剂质量浓度变化对体系成胶性能的影响规律研究[6-8]，为后续低初黏凝胶大规模推广应用提供了数据支持，为在线调堵注入工艺参数优化提供了方向。

1 在线调堵注入工艺

橇装调堵注入工艺流程如图1所示，先在配液罐内将调堵剂配置好，然后经移液泵转移至储液罐，再经注入泵注入井内。每一口注入井都需要一个配液罐和储液罐，并需要配以相应的移液泵和注入泵。现场施工设备繁多，导致施工占地面积大、施工人员数量多。在线调堵注入工艺流程如图2所示，该工艺是将聚合物、交联剂、稳缓剂集中在一个配注站内，进行统一配制，利用原注入管线进行调堵施工，极大地节省了施工设备数量和施工场地面积。此外，该工艺还引入了自动化加药设备，不仅提高

第一作者简介：夏军勇，1994年生，男，工程师，现主要从事堵水调剖领域的相关工作。

邮箱：xiajunyong@petrochina.com.cn。

了加药精度，还降低了施工人员数量与劳动强度[9-10]。与橇装调堵注入工艺相比，该工艺具有施

工工艺简单、占地面积小、管理简便、可适用于区块大规模调堵施工等优点。

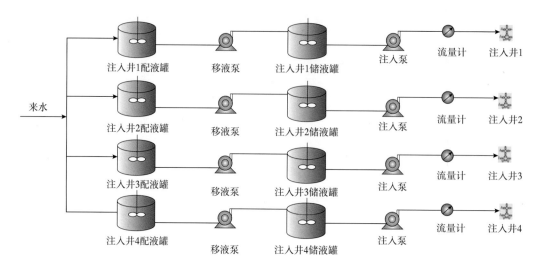

图 1　橇装调堵注入工艺流程图

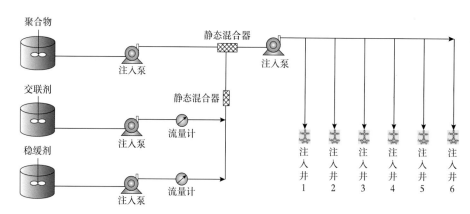

图 2　在线调堵注入工艺流程图

2 室内实验

2.1 材料和仪器

实验材料：（1）聚合物，相对分子质量为 2500×10⁴，水解度为 25%，有效固体含量为 90%，工业品，大庆炼化公司。（2）金属离子螯合交联剂 CYJL，有效离子含量为 2.5%，工业品，大庆油田化工集团东昊分公司。（3）稳缓剂，工业品，大庆油田化工集团东昊分公司。（4）配液用水为现场回注污水和现场清水。

实验仪器：（1）TA 流变仪 DHR-2，沃特世科技（上海）有限公司。（2）PL4002-IC 型电子天平，梅特勒托利多仪器（上海）有限公司。（3）磁力搅拌器 WH-610D，美国 EMECO 公司。

2.2 实验方法

用现场清水配制质量浓度为 5000mg/L 的聚合物母液，然后用现场污水将交联剂、稳缓剂充分溶解，最后加入适量聚合物母液，调配至实验所要求的质量浓度。将配制好的预交联体系放置在磁力搅拌器上，搅拌均匀后倒入广口瓶内，用 TA 流变仪在 45℃、剪切速率为 4.51s⁻¹ 的条件下测定体系的初始黏度；然后放入 45℃ 的烘箱内，每隔 3~5d 测定一次样品黏度，观察样品成胶情况。

3 低初黏凝胶成胶影响因素分析

3.1 交联剂质量浓度

为研究交联剂质量浓度变化对低初黏凝胶成胶

性能的影响规律，保持现场试验配方中稳缓剂质量浓度为 6000mg/L、聚合物质量浓度为 1100mg/L 不变，在 45℃条件下，分别研究了当交联剂质量浓度为 5500mg/L、6500mg/L、7500mg/L、8500mg/L、9500mg/L、10500mg/L 时，低初黏凝胶黏度随时间的变化规律如图 3 所示。

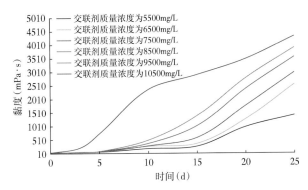

图 3　不同质量浓度交联剂条件下低初黏凝胶黏度随时间变化曲线图

由图 3 可知，随着交联剂质量浓度的增加，（1）体系 25d 后的黏度逐渐增加，当交联剂质量浓度升高至 10500mg/L 时，成胶性能发生突变，5d 后黏度升至 700mPa·s 以上，10d 后黏度就已达到 2000mPa·s 以上，导致低初黏凝胶调堵剂无法进入油藏深部。（2）当交联剂质量浓度降低至 5500mg/L 时，25d 后体系的黏度小于 1500mPa·s，无法满足深度封堵的强度需求。（3）当交联剂质量浓度介于 6500~9500mg/L 时，10d 内体系黏度小于 500mPa·s，25d 后的黏度均大于 2500mPa·s，均能满足油层深部调堵需求。现场试验所用配方设计的交联剂质量浓度为 8500mg/L，配方体系中交联剂质量浓度上下波动 11%后（交联剂质量浓度在 7565~9435mg/L 之间），该体系成胶性能依然可以保持稳定可靠，且能满足现场试验需求。

3.2 稳缓剂质量浓度

为研究稳缓剂质量浓度变化对低初黏凝胶成胶性能的影响规律，保持现场试验配方中交联剂质量浓度为 8500mg/L、聚合物质量浓度为 1100mg/L 不变，在 45℃条件下，分别研究了当稳缓剂质量浓度为 4000mg/L、5000mg/L、6000mg/L、7000mg/L、8000mg/L、9000mg/L 时，低初黏凝胶黏度随时间的变化规律如图 4 所示。

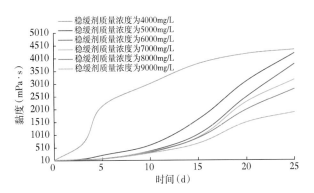

图 4　不同质量浓度稳缓剂条件下低初黏凝胶黏度随时间变化曲线图

由图 4 可知，随着稳缓剂质量浓度的降低，（1）体系 25d 后的黏度逐渐增加，当稳缓剂质量浓度降低至 5000mg/L 时，10d 后的黏度已达 603.4mPa·s，成胶速度已有加快趋势。（2）当稳缓剂质量浓度降低至 4000mg/L 时，体系成胶性能发生突变，5d 后黏度升至 2100mPa·s 以上，10d 后黏度达到 3000mPa·s，导致低初黏凝胶调堵剂无法进入油藏深部。（3）当稳缓剂质量浓度升高至 9000mg/L 时，体系成胶速度明显减缓，虽能进入油藏深部，但 25d 后的黏度小于 2000mPa·s，无法满足深度封堵的强度需求。当稳缓剂质量浓度介于 5000mg/L~7000mg/L 时，体系 10d 内的黏度小于 700mPa·s，25d 后的黏度均在 2500mPa·s 以上，均能满足油藏深部调堵需求。

现场试验所用配方设计的稳缓剂质量浓度为 6000mg/L，配方体系中稳缓剂质量浓度上下波动 15%后（稳缓剂质量浓度在 5100~6900mg/L 之间），体系成胶性能依然可以保持稳定可靠，且能满足现场试验需求。

3.3 聚合物质量浓度

为研究聚合物质量浓度变化对低初黏凝胶成胶性能的影响规律，保持现场试验配方中交联剂质量浓度为 8500mg/L、稳缓剂质量浓度为 6000mg/L 不变，在 45℃条件下，分别研究了当聚合物质量浓度为 600mg/L、800mg/L、1000mg/L、1200mg/L、1500mg/L 时，低初黏凝胶黏度随时间的变化规律如图 5 所示。

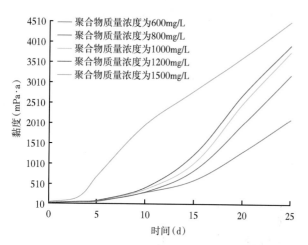

图 5　不同质量浓度聚合物条件下低初黏凝胶
黏度随时间变化曲线图

由图 5 可知，随着聚合物质量浓度的增加，体系 25d 后的黏度逐渐增加，（1）当聚合物质量浓度升高至 1500mg/L 时，成胶性能发生突变，5d 后黏度升至 700mPa·s 以上，10d 后黏度就已达到 1900mPa·s 以上，导致低初黏凝胶调堵剂无法进入油层深部。（2）当聚合物质量浓度降低至 600mg/L 时，成胶速度明显减缓，虽能进入油层深部，但 25d 后的黏度低于 2500mPa·s，无法满足深度封堵的强度需求。（3）当聚合物质量浓度介于 800～1200mg/L 时，体系 10d 内的黏度小于 500mPa·s，25d 后的黏度均在 2500mPa·s 以上，均能满足油层深部调堵需求。

现场试验所用配方设计的聚合物质量浓度为 1100mg/L，配方体系中聚合物质量浓度上下波动 10% 后（聚合物质量浓度为 990～1210mg/L），体系成胶性能依然可以保持稳定可靠，且能满足现场试验需求。

3.4　组分极端质量浓度

通过单一组分质量浓度变化分析实验可知，在保证体系成胶性能稳定可靠，且能满足现场试验需求的前提下，聚合物质量浓度的波动范围是配方设计质量浓度的 10%，交联剂质量浓度的波动范围是配方设计质量浓度的 11%，稳缓剂质量浓度的波动范围是配方设计质量浓度的 15%。

但在实际注入过程中，会存在 3 种组分质量浓度均发生变化的情况。为进一步更加真实地模拟现场注入环境，开展了多组分质量浓度变化对低初黏凝胶成胶性能的影响规律研究。通过将交联剂、稳缓剂、聚合物 3 种组分质量浓度同时提高 10% 和同时降低 10% 的实验，来分析 2 种极端情况下，低初黏凝胶黏度随时间的变化规律如图 6 所示。

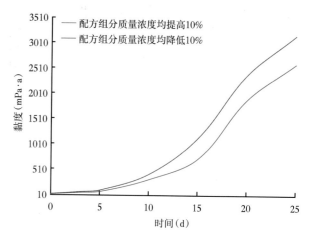

图 6　极端质量浓度条件下低初黏凝胶
黏度随时间变化曲线图

由图 6 可知，当 3 种组分质量浓度同时提高 10% 或同时降低 10% 时，体系 10d 后的黏度均在 500mPa·s 以下，25d 后的黏度可达 2500mPa·s 以上，满足在线调堵注入工艺现场施工要求的同时，也能满足油层深部封堵需求。

4　现场应用

4.1　现场井口取样成胶性能跟踪

为验证在线调堵注入工艺流程的一个注入单元中，因注入压力不同导致的实际注入的组分质量浓度与配方设计的组分质量浓度的差异是否大于 10%，将在线调堵注入工艺施工现场取回的井口样品放置于 45℃ 的烘箱内进行黏度跟踪。

由图 7 可知，现场井口取样黏度平行性较好，体系 15d 内的黏度小于 500mPa·s，25d 后的黏度大于 2500mPa·s，均能满足油层深部调堵需求。这表明在线注入工艺流程的一个注入单元中，因注入压力不同而导致实际注入的组分质量浓度与配方设计质量浓度差异在 10% 以内。

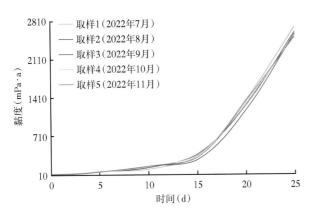

图 7　现场井口取样黏度跟踪曲线图

4.2 施工效果跟踪

2022 年 7 月至 11 月，利用在线调堵注入工艺在大庆油田 B1 区块开展了低初黏凝胶调堵现场试验，累计注入低初黏凝胶堵调剂 0.044PV。随后开展三元复合驱现场试验，截至 2023 年 3 月 30 日，现场平均注入压力为 11.88MPa，比调堵前上升了 3.75MPa；日产油量为 111t，比调堵前提高了 58t；含水率为 97.6%，比调堵前下降了 1.19 个百分点。

5 结　论

（1）通过单一组分质量浓度变化实验可知，低初黏凝胶调堵剂体系成胶性能对聚合物质量浓度的变化最敏感，其次是交联剂质量浓度变化。

（2）通过多组分质量浓度变化实验可知，将体系中 3 种组分质量浓度同时提高 10% 或同时降低 10% 时，既不会造成体系成胶性能发生突变，又能满足油藏深部封堵需求。

（3）在线调堵注入工艺现场井口取样成胶性能平行性较好，同一注入单元内因注入压力不同而导致实际注入的组分质量浓度与配方设计质量浓度差异不超过 10%。

（4）下一步建议优化在线调堵注入工艺流程，增加个性化调堵模块，满足个性化调堵需求，进一步提高调堵效果。

参考文献

[1] 贾毅. 调剖配套地面工艺设计 [J]. 化工管理，2019 (8)：206.

[2] 张振海，刘常福，张振山，等. 橇装式堵调工艺流程的配套设计 [J]. 石油矿场机械，2005，34 (2)：79-81.

[3] 黄晓东，唐晓旭，刘义刚，等. 新型在线深部调剖技术在海上稠油油田的研究与应用 [J]. 非常规油气，2016，3 (4)：58-64.

[4] 杨会峰，凌卿，孟国平，等. 渤海油田区块整体调驱技术研究及应用 [J]. 石油化工应用，2023，42 (9)：83-89.

[5] 石端胜，陈增辉，华科良，等. 海上 B 油田多井组整体调驱技术研究与应用 [J]. 中国石油和化工标准与质量，2020，40 (15)：245-247.

[6] 康燕，周泉，王庆国，等. 高温稳定剂对聚丙烯酰胺凝胶稳定性的影响 [G]// 大庆油田有限责任公司采油工程研究院. 采油工程 2019 年第 1 辑. 北京：石油工业出版社，2019：46-49.

[7] 周泉，李萍，哈俊达，等. 低初始黏度可控凝胶调堵剂的研制及性能评价 [J]. 油田化学，2019，36 (2)：240-244.

[8] 刘向斌，尚宏志. 凝胶调剖剂在地层深部动态成胶性能评价 [J]. 大庆石油地质与开发，2020，39 (1)：86-90.

[9] 张艳辉，陈维余，高波，等. 海上油田在线调剖体系研究与应用 [J]. 精细与专用化学品，2020，28 (4)：13-17.

[10] 王秀平，刘凤霞，陈维余，等. 聚合物驱在线混合调剖技术在海上油田的应用 [J]. 石油钻采工艺，2014，36 (4)：101-104.

大庆油田致密油井大规模压裂后
CO_2 吞吐技术研究与现场试验

王德晴

（大庆油田有限责任公司第七采油厂）

摘　要：大庆外围扶余致密油层物性差，水驱受效差，压裂后无能量补充，产量递减快。为了补充地层能量，保证压裂后开发效果，开展了 CO_2 吞吐技术研究。从 CO_2 增产的主控机理入手，通过驱油核磁检测实验确定了 CO_2 吞吐动用孔隙下限，利用三维高温高压大模型物模实验研究了 CO_2 吞吐动用规律，通过数值模拟优化了选井原则和工艺参数设计标准。自 2016 年以来，已开展矿场试验 16 口井，阶段累计增油量为 14074.5t，提高阶段采收率 2.41%，为提高致密油开发效果提供了技术支持。

关键词：致密油藏；压裂；CO_2 吞吐；主控机理；动用规律

随着石油勘探开发技术进步，我国原油上产稳产的步伐也快速向特低渗透油藏迈进。致密油藏也逐步成为主战场之一，但其储量丰度低、生产开发困难[1]。目前大规模压裂是致密油藏有效开发的主要技术手段之一，也取得了较好的开发效果[2-4]。大庆油田致密油藏储量丰富，是将来一个时期持续稳产的重要保证。为了提高开发效果，大庆油田也同样采取了大规模压裂方式，初期效果显著；但由于注采井间无法建立有效驱动，随着持续生产，地层能量降低，产量将会快速递减。

以大庆外围致密油藏 A 区块为例，压裂投产初期单井日产油 3.8t，生产 6 个月递减幅度达到 37%，1 年后递减幅度超过 50%。为了充分发挥压裂缝网体系增产潜力，开展了 CO_2 吞吐技术研究，已在国内多个低渗透油田开展试验，取得了较好的增产效果[5-9]。

1　CO_2 吞吐增产主控机理

1.1　体积膨胀增能降黏作用

在高温高压接近地层条件下，CO_2 易溶解于原油，甚至形成混相，可使原油体积膨胀 10% ~ 30%，大幅改善原油密度、黏度等物性，使原油流动性得到改善。CO_2 溶于原油后体积膨胀倍数情况如图 1 所示。

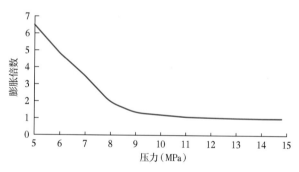

图 1　CO_2 溶解后原油体积膨胀倍数曲线图

1.2　降低驱替阻力作用

注入地层的 CO_2 溶于原油后，会抽提原油的烃质组分，使气驱前缘持续富化，同时接触到的原油组分也会不断改变，气驱前缘的油水界面张力持续降低，从而在特定的压力下形成混相。由毛细管压力实验显示，混相条件下 CO_2 可实现全

作者简介：王德晴，1985 年生，男，高级工程师，现主要从事致密油开发研究工作。
邮箱：wangdeqing1985@163.com。

部驱替，采收率达到 90% 及以上[9]。即使 CO_2 未形成混相，在近混相状态下也能使油水界面张力大幅下降，从而减小驱替阻力。注入 CO_2 后油水界面张力变化情况如图 2 所示。

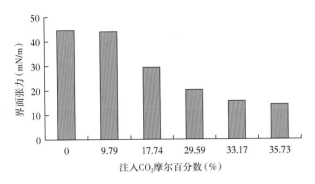

图 2　注入 CO_2 后油水界面张力变化图

1.3 解堵防膨作用

CO_2 溶解于地层水生成碳酸，溶液呈酸性，pH 值一般为 3.3～3.7，能够缓解黏土矿物膨胀、解除井筒附近因污染造成的堵塞。

1.4 润湿反转作用

CO_2 溶解于原油后能改善岩石的润湿性，使岩石向水润湿转变，有利于提高驱油效率和原油采收率。

2 CO_2 吞吐动用界限和动用规律研究

2.1 动用界限研究

参照扶余致密储层不同渗透率，采用核磁共振检测标准制作人工岩心。岩心参数如表 1 所示。

表 1　岩心参数表

岩心编号	长 度（cm）	直 径（cm）	渗透率（mD）	孔隙度（%）
1	3.100	2.555	0.066	7.25
2	3.366	2.528	0.023	6.14
3	3.894	2.525	0.022	9.45
4	4.356	2.518	1.739	13.51

注：驱油介质为 CO_2。

从不同孔隙区间的原油动用效果可以看出，CO_2 驱主要是使孔隙半径大于 $0.05\mu m$ 的孔隙空间中的原油得到动用。当岩心渗透率较低时，可动油主要来自于亚微米级孔隙；当岩心渗透率变大时，可动油主要来自于微米级孔隙。驱替压力的升高使得同一渗透率岩心中亚微米级孔隙及微米级孔隙可动油不断增加，而当岩心渗透率变大时，可动油增加的幅度更大。通过驱油核磁检测实验，确定了 CO_2 驱替孔隙半径动用下限为 $0.05\mu m$。致密岩心 CO_2 驱可动油含量及孔隙体积百分数如图 3 所示。

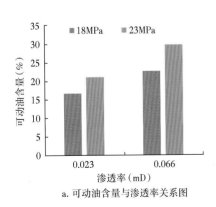
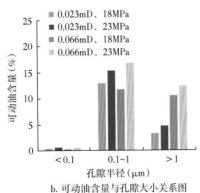
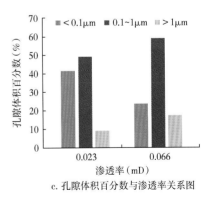

a. 可动油含量与渗透率关系图　　　b. 可动油含量与孔隙大小关系图　　　c. 孔隙体积百分数与渗透率关系图

图 3　致密岩心 CO_2 驱可动油含量及孔隙体积百分数统计图

2.2 动用规律研究

通过重复补充能量"吞"、焖井、开发"吐"三个过程模拟 CO_2 吞吐开发，明确致密储层 CO_2 吞吐的开发动态规律。

图 4 展示了缝网在注 CO_2 吞吐实验过程焖井结束和吞吐结束的压力场图。从中可以看出，由于微裂缝缝网的存在，使得能量传播范围更广、

裂缝的规模越大、流线越简单，而且整个地层压力越低，同时可以大幅增加基质裂缝交换渗吸效率。通过对比可以看出，在焖井结束后，压裂形成的缝网为后续的开发提供了有利条件。注 CO_2 吞吐压力波及范围包括了主裂缝、缝网及两者之间的基质，可达到全藏"蓄能—驱动"。

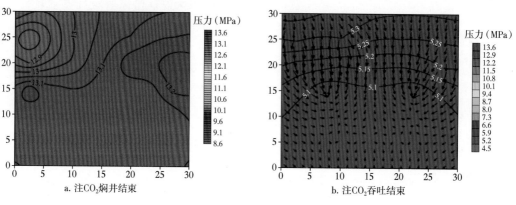

图 4　压裂井注 CO_2 焖井结束和吞吐结束压力场图

3 选井原则和工艺参数设计标准

3.1 吞吐最佳时机

数值模拟计算得出，CO_2 吞吐换油率会随着地层压力降低而逐步提高，在地层压力下降至原始地层压力的 0.65 倍后，换油率上升幅度变缓。因此综合考虑采油井生产情况，确定最佳注入时机为地层压力降至原始地层压力的 0.60~0.65 倍时。不同压力条件下 CO_2 吞吐换油率情况如图 5 所示。

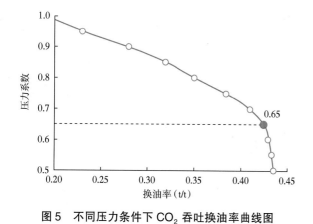

图 5　不同压力条件下 CO_2 吞吐换油率曲线图

3.2 井层优选原则

依据 CO_2 在储层油、水介质中溶解量及高压超流体等特性建立数值模型，模拟采油过程，确定影响增油效果的主要参数及界限，指导优选试验井层。

井层优选的条件为：井身结构完好，套管无问题；前期压裂改造程度高、后期低产的采油井；混相/近混相油藏；油层有效厚度大于 6m；目的层含水率小于 30%；油层渗透率小于 6mD；原油黏度大于 5mPa·s。

3.3 注入参数优化研究

3.3.1 注入量优化

CO_2 在地下注入量越多、与孔隙中原油接触得越充分，越能更好地与原油产生反应。实验注入量分别为 0.014g、0.166g、0.522g、1.277g，注入量条件和实验结果如表 2 所示。图 6 和图 7 为采收率随 CO_2 注入地下孔隙体积倍数和注入量变化曲线图。

表 2　不同注入量条件下 CO_2 吞吐实验结果表

注入量（g）	注入地下孔隙体积倍数	注入压力（MPa）	结束压力（MPa）	采收率（%）
0.014	0.0140	2.5		2.82
0.166	0.0390	7.1	0.1	3.73
0.552	0.0560	10.0		4.82
1.277	0.0768	13.8		5.71

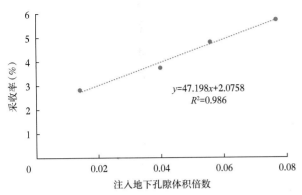

图 6　采收率随注入地下孔隙体积倍数变化曲线图

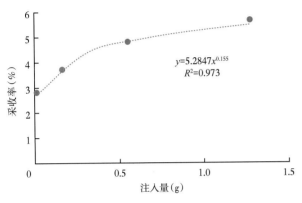

图 7　采收率随注入量变化曲线图

由图 6 可以看出，CO_2 注入的地下孔隙体积倍数与采收率呈线性相关，是影响吞吐效果的敏感性因素。将地下孔隙体积倍数换算至地面注入量

可得出，随着压力逐步增加，气体被压缩，CO_2 密度逐步增加，导致随着注入量的增加整体采收率增加幅度逐步减缓，CO_2 换油率逐步降低。换算至不同注入强度下累计增油量及换油率如图 8 所示，在不超过油层破裂压力 47.3MPa 条件下，井口最大注入压力为 27.9MPa，单井合理注入强度为 15t/m。

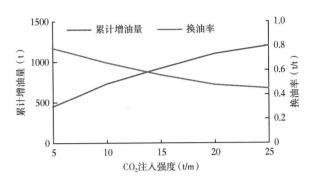

图 8　累计增油量与换油率随 CO_2 注入强度变化曲线图

3.3.2　注入速度优化

室内岩心实验表明，注 CO_2 吞吐过程中形成指进与注入速度有关。利用指进现象可以让 CO_2 进入油藏的更深部位，增大 CO_2 的波及体积，但也会导致 CO_2 返排率的降低。不同注入速度注 CO_2 吞吐实验结果如表 3 所示。图 9 为采收率随注入速度变化曲线图。

表 3　不同注入速度注 CO_2 吞吐实验结果表

注入速度 （mL/min）	升压时间 （min）	注入压力 （MPa）	焖井时间 （h）	焖井后压力 （MPa）	回压 5MPa 吞吐采收率 （%）	回压 0.1MPa 吞吐采收率 （%）
0.02	50	13.8	24	10.31	2.73	4.67
0.14	7	13.8	24	10.50	2.53	6.00
4.00	0.25	13.8	24	10.73	2.47	8.00

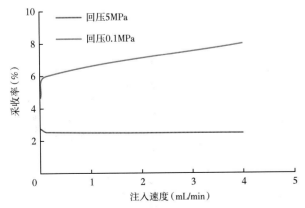

图 9　采收率随注入速度变化曲线图

实验动态分析表明，注入速度与吞吐效果反相关。如过快注入，CO_2 大量聚集井底，不利于其均匀有效扩散。建议慢注短关，确保 CO_2 扩散，充分考虑前期地层亏空严重、压力水平较低的情况，可根据实际注入过程中压力抬升情况，适当提高前期注入速度；后期随着 CO_2 注入，地层能量逐渐恢复，压力平稳上升，再放缓注入速度。

优化注入速度需要考虑两个因素：（1）CO_2 冷伤害，注入速度越快，CO_2 井底温度越低，原油黏度越高，影响 CO_2 向油层远端扩散。（2）注入速度加快导致注入压力上升，注入压力须控制在油层破裂压力以下。

数值模拟计算结果如图 10 所示，考虑 CO_2 冷伤害性，合理注入速度上限为 60t/d。

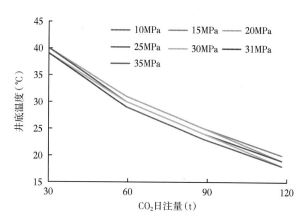

图 10　不同压力下 CO_2 日注量与井底温度模拟曲线图

3.3.3 焖井时间优化

焖井时间是指注入 CO_2 后到再次开井生产的时间。焖井时间的大小影响 CO_2 与原油的反应时间，焖井时间越长，CO_2 的扩散距离和溶解量都会有一定的增加，CO_2 与地层原油反应越充分，吞吐效果越好。

分别模拟焖井时间为 15d、20d、25d、30d、40d、50d 时注 CO_2 吞吐开发的效果。从模拟结果可知（图 11），随着焖井时间的增加，CO_2 逐渐扩散，裂缝附近压力下降，焖井 30d 后，压力场分布基本不变。

分析可知，焖井时间加长，压力逐渐下降，最终趋于平缓；当焖井时间增加到 15d 后，压力趋于稳定，同时对应的增油强度也逐渐趋于平稳，增加幅度变缓。当焖井时间增加到一定程度后，再延长焖井时间对增油强度的影响很小。通过数值模拟优化（图 12），最佳焖井时间为 10~20d，焖井过程中每天监测井口压力，随时调整焖井时间，当压力稳定时，结束焖井，开井生产。

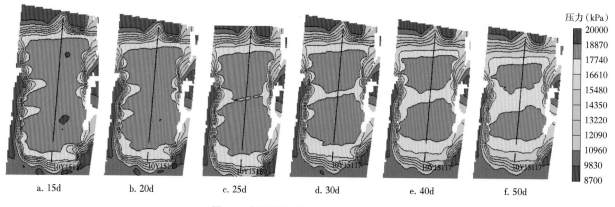

a. 15d　　　　b. 20d　　　　c. 25d　　　　d. 30d　　　　e. 40d　　　　f. 50d

图 11　数值模拟焖井油层压力分布图

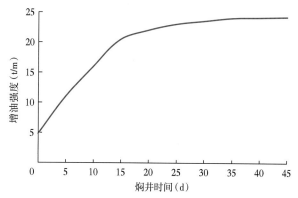

图 12　焖井时间与增油强度关系曲线图

4 现场试验

自 2016 年以来，大庆外围致密油藏已开展矿场试验 16 口井，其中水平井 6 口井、直井 10 口井，初期平均单井日增油量分别为 10.7t 和 3.1t，阶段累计增油量为 14074.5t，阶段采收率提高 2.41%，CO_2 吞吐效果如表 4 所示。

表 4　致密油采油井 CO_2 吞吐效果表

井　型	试验井号	吞吐前日产油量 (t)	吞吐后生产情况		
			初期日产油量 (t)	计产时间 (d)	累计增油量 (t)
直　井	直井 1	0.7	6.4	229	865.4
	直井 2	0.3	4.3	195	515.4
	直井 3	0.7	3.0	330	185.6
	直井 4	0.5	2.4	398	195.5
	直井 5	0.6	4.0	268	281.5
	直井 6	0.3	2.3	351	283.7
	直井 7	1.3	6.0	395	434.2
	直井 8	0.1	2.0	105	260.0
	直井 9	0.4	2.3	123	126.0
	直井 10	1.4	3.4	129	214.9
平　均		0.6	3.7	252	336.2
水平井	水平井 1	2.7	28.0	945	3615.0
	水平井 2	1.3	2.9	178	403.7
	水平井 3	1.1	24.5	510	1601.0
	水平井 4	0.3	6.3	636	2636.4
	水平井 5	0.9	6.4	461	1622.6
	水平井 6	0.8	3.4	142	833.6
平　均		1.2	11.9	478.7	1785.4

5　结　论

（1）致密油井大规模压裂后 CO_2 吞吐增产的主控机理是溶解膨胀、降黏，确定了 CO_2 驱替孔隙半径动用下限为 $0.05\mu m$。压裂形成的缝网为后续 CO_2 吞吐提供了有利的条件，CO_2 吞吐压力波及范围包括了主裂缝、缝网以及两者之间的基质，可达到全藏"蓄能—驱动"。

（2）研究选井原则和工艺参数设计标准，确定单井合理注入强度为 $15t/m$、合理注入速度上限为 $60t/d$、最佳焖井时间为 $10\sim20d$。

（3）通过现场试验效果对比，表明了大庆油田致密油井大规模压裂后，在合理时机开展 CO_2 吞吐能够达到较好的复产增产、提高采收率的效果。

（4）随着致密油井井数逐年增加，增能措施需求量随之增加，下一步计划开展区块整体 CO_2 吞吐技术研究，评价其可行性。

参考文献

［1］梁坤，张国生，武娜 . 中国陆上石油储量变化趋势及其影响［J］. 国际石油经济，2015（3）：52-56.

［2］雷群，胥云，蒋廷学，等 . 用于提高低—特低渗透油气藏改造效果的缝网压裂技术［J］. 石油学报，2009，30（2）：237-241.

［3］吴奇，胥云，王腾飞，等 . 增产改造理念的重大变革：体积改造技术概论［J］. 天然气工业，2011，31（4）：7-12.

［4］王文东，赵广渊，苏玉亮，等 . 致密油藏体积压裂技术应用［J］. 新疆石油地质，2013，34（3）：345-348.

［5］刘炳官 . CO_2 吞吐法在低渗透油藏的试验［J］. 特种油气藏，1996，3（2）：44-50.

［6］蒲玉娥，刘滨，徐赢，等 . 三塘湖油田马 46 井区低渗透油藏 CO_2 吞吐开发研究与应用［J］. 特种油气藏，2011，18（5）：86-88.

［7］赵军胜，钱卫明，郎春艳 . 苏北低渗透油藏 CO_2 吞吐矿场试验［J］. 断块油气田，2003，10（1）：73-75.

［8］马香丽，陈秋华，姚庆君，等 . CO_2 单井吞吐技术在濮城油田的先导试验［J］. 试采技术，2010（1）：12-13.

［9］姚智博 . 二氧化碳吞吐技术在海 26 块可行性研究［J］. 化学工程与装备，2013（3）：124-126.

塔架式抽油机降载技术应用探讨

张晓娟，徐广天，祝英俊，孔令维，李　健

（大庆油田有限责任公司第四采油厂）

摘　要：塔架式抽油机应用重力平衡原理工作，设备运行情况受井况影响较大，井下载荷过高极易造成过载停机现象。为进一步挖掘节能潜力，避免塔架式抽油机出现过载停机现象，从塔架式抽油机悬点载荷及电动机设备负荷分析入手，探讨了两种塔架式抽油机降载措施技术。针对塔架式抽油机高载荷井，根据沉没度情况，分别采取碳纤维连续抽油杆降载技术和降载措施组合优化技术，碳纤维连续抽油杆降载技术应用后平均悬点最大载荷下降了 14.39kN；采取降载措施组合优化技术换大泵后，平均日增液量为 19.1t，沉没度下降 171m，平均悬点最大载荷仅上升 3.6kN。采取两种降载措施后均取得了较好的效果，解决了塔架式抽油机井过载停机问题，为塔架式抽油机的降载提效和增产提供了技术保障。

关键词：过载；降载；高沉没度；高载荷；碳纤维

　　X 区块共有塔架式抽油机（以下简称塔架机）125 台，其中水驱井 70 台，聚驱井 55 台。相比常规抽油机，塔架机取消了四连杆传动机构，仅对井下载荷与配重箱载荷差做功，具有良好节能优势。但投产后出现各种问题，其中有部分井沉没度低于 200m，进行平衡调整后由于井下载荷过高仍出现过载停机现象；还有部分井沉没度高于 500m，前期调大参后沉没度下降不明显，采取换大泵措施会使悬点载荷增加，容易出现过载停机情况。由于塔架机属于新型举升工艺技术，还未应用过相应降载措施，为此，对塔架式抽油机井降载技术进行了探讨研究。

1 过载停机原因分析

　　塔架机应用重力平衡原理工作，设备运行情况受井况影响较大，设备负荷过高极易造成过载停机现象。过载停机实际上就是电动机因超负荷而自我保护的一种方式，主要是因为塔架机的电动机负载率超高所致。

　　塔架机电动机负载率公式为：

$$\eta_{塔架机} = \frac{|p_{井下} - p_{配重}|}{F_{额定}} \times 100\%$$

式中　$\eta_{塔架机}$——塔架机电动机负载率，%；

　　　　$p_{井下}$——井下载荷，kN；

　　　　$p_{配重}$——配重重量，kN；

　　　　$F_{额定}$——额定起重量，kN。

　　由公式可以看出，电动机负载率的大小与额定起重量、配重重量及井下载荷有关。计算冲程为 7m、冲次为 2min^{-1}、沉没度为零时现场常见机型和泵径组合的塔架机电动机负载率，计算结果如表 1 所示。由计算结果发现，按常规泵深设计，电动机负载率较高。特别是机型为 WCYJD10-8-25Z、电动机功率为 20kW、泵径为 70mm 的井，泵深为 950m 时，100% 平衡电动机负载率达到了 85.1%，井况稍有波动就会出现过载停机。

第一作者简介：张晓娟，1984 年生，女，高级工程师，现主要从事机采设计管理和新型举升工艺研究工作。

邮箱：dqzhangxiaojuan@petrochina.com.cn。

表 1 不同塔架机机型的电动机负载率计算情况表

分类	WCYJD8-8-23Z（18.5kW）	WCYJD10-8-25Z（20kW）	WCYJD12-8-37Z（30kW）
泵径（mm）	57	70	83
杆径（mm）	19	22	25
泵深（m）	1000	950	850
悬点最大载荷（kN）	50.3	70.2	83.6
悬点最小载荷（kN）	16.9	25.6	27.9
载荷差（kN）	16.7	22.3	27.8
100%平衡电动机负载率（%）	72.6	85.1	75.1
85%平衡电动机负载率（%）	79.2	91.9	81.4

通过前期的电动机负载率影响因素分析[1]，得知过载停机原因主要有 4 种：一是电动机功率小导致的额定起重量小。二是平衡调整不及时、平衡率低，从而造成平衡配重过轻或过重。三是井下载荷高，井下载荷与配重的载荷差大。四是机械传动能耗大，传动系统维护保养不到位，机械磨损严重。

由此得出，当地面设备完好且能够及时调整配重的情况下，对塔架机井在检换泵工艺设计时，需要采取降低井下载荷的降载技术来降低电动机负载率，从而避免出现过载停机现象。

抽油机悬点载荷[2-4]主要有如下 6 部分组成：（1）抽油杆杆柱重。（2）油管内、柱塞上的液柱重。（3）油管外液柱对柱塞下端的压力。（4）杆柱与液柱运动产生的惯性载荷。（5）杆柱与液柱运动产生的振动载荷。（6）摩擦载荷，即柱塞与泵筒间、抽油杆与油管间的半干摩擦力，还有杆柱与液柱间、液柱与油管间及液流通过抽油泵、游动阀的液体摩擦力。

根据悬点载荷的组成和塔架机长冲程、慢冲次的机械特性，主要采取降低杆柱载荷、液柱载荷及摩擦载荷的方法来降低井下载荷。为此，研究了碳纤维连续抽油杆和降载措施组合优化两种降载技术。

2 碳纤维连续抽油杆降载技术

为治理过载停机问题，进一步挖掘节能降耗潜力，利用碳纤维连续抽油杆重量轻和无扶正器的特点来降低杆柱载荷和摩擦载荷，同时根据供排情况适当地换小泵径。

2.1 杆柱优化设计

依托碳纤维连续抽油杆技术优势，利用杆柱优化设计及工况诊断系统，开展杆柱组合优化设计。

采用碳纤维连续抽油杆降载技术，设计碳纤维连续抽油杆长度占杆柱长度 62.0%，优化后悬点最大载荷下降了 13.4kN/km，优化结果见表 2。作业后同步调整平衡配重，实现现有电动机功率满足塔架机负荷需求，保证了塔架机井的正常运行。

表 2 碳纤维连续抽油杆优化载荷情况表

优化前			优化后							杆柱减轻重量（t）
钢质抽油杆			碳纤维杆		加重杆		全井杆			
杆径（mm）	长度（m）	重量（t）	杆径（mm）	长度（m）	杆径（mm）	长度（m）	重量（t）			
22	1000	2.98	22	620	22	380	1.61			1.37

2.2 换小泵径

根据供排情况换小泵径。针对部分因供液情况较差连续多月供液不足、沉没度低于 100m、冲次已经最小的井，利用作业时机，通过换小泵径能够降低油管内和柱塞上的液柱重量，还能保持较好的供排关系，保证了塔架机的平稳运行。换小泵径后载荷变化情况如表 3 所示。

表 3　换小泵径后载荷变化情况统计表

序　号	换前泵径 （mm）	换后泵径 （mm）	换前杆径 （mm）	换后杆径 （mm）	最大悬点载荷减小值 （kN）
1	57	44	22	19	15.67
2	70	44	22	19	26.86
3	70	57	22	22	11.19
4	83	70	25	22	23.15

3 降载措施组合优化技术

通过前期对塔架机载荷影响因素分析，对于需要换大泵径的塔架机井最终确定了 4 种降载措施，形成了降载措施组合优化技术。

一是上提泵挂深度，降低抽油泵杆柱载荷和液柱载荷。

二是应用 CP 热熔涂层油管+无扶正器抽油杆，在保证防偏磨的同时，取消抽油杆扶正器，降低摩擦载荷。

三是应用软柱塞抽油泵，利用软密封结构特性降低交变载荷。

四是应用管式防蜡器，提高防蜡效果，降低因结蜡造成的载荷增加。

3.1 上提泵挂深度

通过上提泵挂深度降低抽油泵的液柱载荷和杆柱载荷，达到降载目的。

主要根据塔架机的设备负荷来优化泵深，总体设计思路为：根据产液量给定一组抽汲参数（泵径、杆径、冲程、冲次），计算出极限沉没度下不同泵深（步长 50m）的塔架机井载荷及电动机负载率，对应满足设备电动机负载率 80% 的下泵深度，即为设计泵深。

按照目前运行参数和极限沉没度，计算措施后电动机负载率。例如：机型是 WCYJD10-8-25、泵径为 70mm、冲程为 7m、冲次为 $2min^{-1}$、沉没度为零的井，对该井进行优化泵深设计，优化情况如表 4 所示。

表 4　泵深数据优化情况汇总表

分　类	优化前	方案 1	方案 2	方案 3	方案 4
泵深（m）	1000	950	900	850	800
泵径（mm）	70	70	70	70	70
杆径（mm）	22	22	22	22	22
悬点最大载荷（kN）	70.2	66.6	63.2	59.6	56.2
悬点最小载荷（kN）	25.6	24.1	22.6	21.1	19.6
载荷差（kN）	22.3	21.3	20.3	19.3	18.3
100%平衡时电动机负载率（%）	89.2	85.1	81.2	77.2	73.6
85%平衡时电动机负载率（%）	96.8	91.9	88.1	83.2	79.1

按照 100% 平衡时电动机负载率[5-7]不超过 80% 时的条件进行优化，最终选择方案 3，即上提泵挂 150m。优化后，悬点最大载荷降低 10.6kN，载荷差减小了 3.0kN，完全平衡时电动机负载率由 89.2% 降至 77.2%，满足设备使用负荷需求。

通过设备电动机负载率计算结果发现，实施上提泵挂后，虽然满足了设备负荷需求，但 85% 平衡时的电动机负载率依然很大。为保证措施效果，组合了 CP 热熔涂层油管+无扶正器抽油杆、软柱塞泵、管式防蜡器等能够降低摩擦载荷的降载措施，形成了降载措施组合优化技术，进一步降低了载荷，保证了增加的载荷在原机型的承载范围内。

3.2 CP 热熔涂层油管+无扶正器抽油杆

利用 CP 热熔涂层油管配套使用无扶正器抽油杆的结构特性降低了抽油杆和油管间的半干摩擦力，达到降载目的。

CP 热熔涂层油管通过在油管内壁上热熔涂覆复合防腐层，使采油井整体管柱内壁无钢材裸露点。该油管免用抽油杆扶正器，减小了上、下冲程时的阻力，减轻了抽油杆、油管偏磨，降低了交变载荷，由原来的轨迹磨损变为无轨迹磨损，具有长效耐磨、防腐、防结蜡的功能，同时可降低抽油机悬点载荷。

3.3 软柱塞抽油泵

利用软柱塞抽油泵结构特性降低柱塞和泵筒间的半干摩擦力以达到降载目的。软柱塞抽油泵的柱塞由多级软密封环串联而成，上冲程时，密封环在液体压力作用下膨胀变形，与泵筒完全贴合；下冲程时，密封环上、下压力平衡，密封环收缩回初始状态，增大柱塞与泵筒的间隙，降低柱塞下行时的阻力。

利用软柱塞抽油泵的泵效高、交变载荷低等优点，与上提泵挂措施结合，大大降低了塔架机的电动机负载率，达到降载效果。

3.4 管式防蜡器

利用管式防蜡器的防蜡特性降低摩擦载荷达到降载的目的。由于 X 区块含蜡量较高，所以设计时需要采取防蜡措施，在泵与筛管中间下入管式防蜡器 Ⅰ 型、Ⅱ 型各两根，加强防蜡效果，降低因结蜡导致的载荷变化。

4 现场应用

4.1 高载荷井

针对井下载荷大、沉没度不高、电动机功率小的塔架机井，主要采用碳纤维连续抽油杆技术，并根据供液情况适当换小泵径。作业后，通过连续跟踪采油井电流曲线和测试资料，动态调整平衡状态和运行参数，确保运行状态平稳。

现场试验应用碳纤维连续抽油杆 6 口井，效果统计如表 5 所示。试验后，平均日节电 60.2kW·h，平均系统效率上升 15.95%，平均吨液耗电下降幅度为 29.36%，平均悬点最大载荷下降了 14.39kN。

表 5　碳纤维抽油杆试验效果统计表

井 号	分类	理论排量 (t/d)	日产液量 (t)	泵 效 (%)	冲程 (m)	冲次 (min⁻¹)	沉没度 (m)	泵 径 (mm)	悬点最大载荷 (kN)	消耗功率 (kW)	系统效率 (%)	吨液耗电 (kW·h)	吨液耗电下降幅度 (%)
X1	前	29.6	15.7	51.5	5.5	1.0	445.0	70.0	56.20	4.69	18.99	7.17	24.12
	后	28.6	13.5	47.2	5.2	1.5	397.0	57.0	33.30	3.06	27.58	5.44	
X2	前	33.2	15.0	45.2	6.0	1.0	237.0	70.0	53.35	8.67	13.97	13.87	32.55
	后	11.0	10.0	90.9	6.0	0.5	131.0	57.0	44.74	3.90	20.66	9.36	
X3	前	25.7	13.5	52.5	7.0	1.0	700.0	57.0	28.39	1.60	17.05	2.84	34.74
	后	25.7	18.1	70.4	7.0	1.0	706.0	57.0	26.58	1.40	18.70	1.86	

续表

井 号	分类	理论排量 (t/d)	日产液量 (t)	泵 效 (%)	冲程 (m)	冲次 (min⁻¹)	沉没度 (m)	泵 径 (mm)	悬点最大载荷 (kN)	消耗功率 (kW·h)	系统效率 (%)	吨液耗电 (kW·h)	吨液耗电下降幅度 (%)
X4	前	22.0	15.6	70.9	6.0	1.0	186.0	57.0	53.66	7.06	20.98	10.85	15.10
	后	20.2	13.5	66.9	5.5	1.0	21.0	57.0	48.17	5.18	29.57	9.21	
X5	前	77.6	28.0	36.1	7.0	2.0	265.0	70.0	40.45	6.48	28.59	5.55	36.61
	后	66.5	25.7	38.7	6.0	2.0	235.0	70.0	36.47	3.77	47.48	3.52	
X6	前	77.6	35.0	45.1	7.0	2.0	475.0	70.0	43.81	6.64	22.26	4.5	49.83
	后	77.6	29.0	37.4	7.0	2.0	302.0	70.0	38.31	2.76	64.92	2.28	
平均	前	44.3	20.5	46.2	6.4	1.3	384.7	65.7	45.98	5.86	20.74	7.47	29.36
	后	38.3	18.3	47.8	6.1	1.3	316.5	61.3	31.59	3.35	36.69	5.28	

4.2 高沉没度井

针对沉没度较高、电动机功率小且无调大参数空间、需要换大泵的塔架机井，采取降载措施组合优化技术。计算在无任何降载措施情况下，换大泵径后的不同泵径载荷变化。换大一级泵径，载荷增加值在 11kN 至 23kN 之间；若换大两级泵径（44mm 更换为 70mm），预计悬点最大载荷增加 26kN 左右。

优化后，平均悬点最大载荷降低 10.9kN，电动机负载率降低 11.3 个百分点，预计换泵后载荷增加 9.5kN，换大泵径后载荷变化情况如表 6 所示。通过以上优化可以发现，应用降载措施组合优化技术可抵消大部分换大泵径产生的载荷增加值，能够保证增加的载荷在原机型的承载范围内。

表 6　换大泵径后载荷变化情况统计表

序号	塔架机机型	电动机功率 (kW)	换前泵径 (mm)	换后泵径 (mm)	优化前			优化后		
					泵深 (m)	电动机负载率 (%)	悬点最大载荷增加值 (kN)	泵深 (m)	电动机负载率 (%)	悬点最大载荷增加值 (kN)
1	WCYJD8-8-23Z	18.5	44	57	1000	72.6	10.89	1000	72.6	10.89
2	WCYJD10-8-25Z	20.0	44	70	1000	89.2	26.86	850	77.2	15.74
3	WCYJD10-8-25Z	20.0	57	70	1000	89.2	11.19	850	77.2	0.07
4	WCYJD12-8-37Z	30.0	70	83	950	84.9	23.15	850	75.1	12.92
平均		22.1			988	84.0	18.00	888	75.5	9.90

目前已设计换大泵作业 32 口井，初期作业 8 口井，现场换泵前后数据对比如表 7 所示。作业后，平均日增液量为 19.1t，沉没度下降 181m，平均悬点最大载荷上升 3.6kN，平均交变载荷上升了 1.9kN，换大泵径后均未出现过载停机现象，实现了换大泵液量增加、沉没度降低、载荷升幅很小的目的。

表 7　换大泵前后数据对比统计表

序 号	井 号	类别	泵 径（mm）	日产液量（t）	日产油量（t）	含水率（%）	沉没度（m）	泵 效（%）	悬点最大载荷（kN）	悬点最小载荷（kN）	交变载荷（kN）
1	W1	前	57	53.7	1.10	97.9	904	97.5	37.3	23.7	13.6
		后	70	68.1	0.30	99.5	617	82.0	39.9	24.1	15.7
2	W2	前	44	24.1	0.19	99.2	853	73.5	41.8	19.6	22.2
		后	57	34.2	0.23	99.3	474	93.1	44.5	24.7	19.8
3	W3	前	44	53.7	1.13	97.9	1000	140.2	32.7	23.2	9.6
		后	57	58.8	1.35	97.7	649	103.2	45.3	21.7	23.6
4	W4	前	44	19.7	0.08	99.6	867	62.1	18.7	12	6.7
		后	57	36.8	0.04	99.9	599	71.6	19.9	10.2	9.8
5	W5	前	44	37.0	0.49	98.3	944	241.3	33.7	23.6	10.2
		后	70	67.1	0.87	98.7	671	93.2	38.6	24.1	14.6
6	W6	前	57	35.0	0.21	99.4	808	68.1	34.6	19.9	14.7
		后	70	74.4	0.37	99.5	857	104.9	32.5	23.9	8.6
7	W7	前	57	54.6	0.27	99.5	653	85.0	44.7	22.2	22.5
		后	70	60.2	0.31	99.5	719	82.0	46.9	24.8	22.1
8	W8	前	57	24.1	0.99	95.9	536	46.9	40.1	20.1	20.1
		后	70	55.1	2.21	96.0	532	76.5	45.1	24.2	20.9
合计/平均		前		37.7	0.56	98.5	821	101.8	35.5	20.5	15.0
		后		56.8	0.71	98.8	640	88.3	39.1	22.2	16.9
		对比		19.1	0.15	0.3	-181	-13.5	3.6	1.7	1.9

5 结　论

（1）塔架式抽油机降载技术进一步挖掘了节能降耗潜力。应用该技术后，不但降低了塔架机井的静载荷，还降低了动载荷，提升了节能空间。

（2）保证了换大泵增加的载荷在塔架机的承载范围。降载措施组合优化技术主要是根据电动机的负载率进行泵深优化设计，再组合其他降载措施，实现了载荷升幅很小的目的。

（3）塔架式抽油机降载技术为塔架机检换泵工程设计提供技术指导。通过优化机杆泵匹配，最大限度地降低井下载荷，提高塔架机运行工况。

参考文献

［1］ 张晓娟．塔架式抽油机运行问题分析及治理对策［G］//大庆油田有限责任公司采油工程研究院．采油工程 2022 年第 2 辑．北京：石油工业出版社，2022：43-49.

［2］ 张学鲁，于胜存，白仲颖，等．立式抽油机运行机理及典型结构［M］．东营：中国石油大学出版社，2011：1-42.

［3］ 张学鲁．一种往复直线型抽油机运行机理分析［J］．石油矿场机械，2003，32（2）：48-50.

［4］ 张建成，王树行，孙珀．摩擦换向抽油机悬点运动分析计算［J］．石油矿场机械，2006，35（5）：70-72.

［5］ 李丹．抽油机载荷利用率的合理性研究［J］．石油石化节能，2017，7（3）：15-16.

［6］ 罗影坤．定向井抽油机悬点最大载荷计算问题探讨［J］．内蒙古石油化工，2013（6）：38-39.

［7］ 张琪．采油工程原理与设计［M］．东营：石油大学出版社，2000：94-108.

游梁平衡式液压抽油机的研制

彭章建

（大庆油田有限责任公司装备制造集团）

摘　要： 无游梁液压抽油机采用液压缸与抽油杆直连结构，存在液压缸举升载荷大、液压系统工作压力大、液压系统投入成本高、冲击大的问题，还有液压抽油机井口让位、复位操作繁琐等缺点。针对上述情况，开展了游梁平衡式液压抽油机的研究。通过采用液压驱动技术，利用液压缸的伸缩运动，实现游梁绕支架上端的支撑座转动；游梁尾端为配重，游梁上配套平衡调节装置，较好地解决了液压抽油机存在的以上问题。通过利用平台井、加密井井距小的特点，实现以一台液压工作站驱动多井采油的游梁平衡式液压抽油机，解决了常规抽油机耗材高、能耗高的问题。目前样机经过试验，设备运转平稳，单机重量降低35.3%，能耗降低20%。针对平台井、加密井，研究游梁平衡式液压抽油技术能够实现高效采油。

关键词： 液压抽油机；游梁平衡式；液压系统；平衡调节；结构设计

　　游梁式抽油机为油田采油主要的举升设备，由于受其本身四连杆机构的限制，存在结构复杂、耗材高、投入成本高、整机重量大、调整参数复杂等缺点。

　　大庆油田有5000多口相邻油井间距在5~10m的平台井，目前仍沿用"一机一井"的生产模式，油井处于同一平台的优势没有得到充分发挥。

　　国内外开展了液压驱动采油技术的研究，形成了多种形式的无游梁液压抽油机[1]，通常用液压缸与抽油杆直连结构[2]解决调参问题。但设备缺少配重和平衡调节[3]，液压系统工作压力大，在上下行程运行不平稳。而且一台液压站只为一台采油设备提供动力，投入成本较高，因此未能进行大面积推广，对此开展了游梁平衡式液压抽油机的研究。

　　设计了适用井距范围较大、以一台液压站驱动多井采油的游梁平衡式液压抽油机，并研究出实现驱动和控制多井采油的液压系统、游梁、平衡调节装置、底座、稳定杆等技术，提高整机运行的可靠性、安全性，具有调参操作方便快捷、整机重量小、设备造价低、能耗低的优势。

1 整机结构及工作原理

1.1 整机结构

　　游梁平衡式液压抽油机由1台液压站、2台或2台以上游梁平衡式抽油机、液压管线、1个控制柜等组成，如图1所示。

图1　游梁平衡式液压抽油机实物照片

作者简介：彭章建，1969年生，男，高级工程师，现主要从事抽油机产品研究工作。

邮箱：pzj925@sina.com。

图 2 为单台游梁平衡式液压抽油机结构示意图。通过连接在底座与游梁之间的大液压缸的伸缩，实现游梁绕支架上端的支撑座转动。采用游梁平衡方式，在游梁尾端设置配重；游梁上配套平衡调节装置，通过小液压缸的伸缩改变平衡调节装置的位置，实现对上下行程平衡进行调节；当设备需要安装、检修，以及油井需要作业时，稳定杆支撑游梁重量，使游梁处于安全平稳状态；当设备工作时，稳定杆跟随大液压缸同步运行，保证运行平稳。

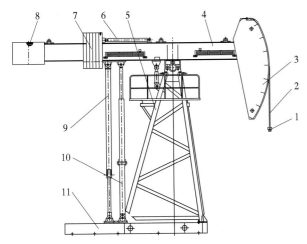

图 2　单台游梁平衡式液压抽油机结构示意图

1—悬绳器；2—吊绳；3—驴头；4—游梁；5—支架；
6—小液压缸；7—平衡调节装置；8—配重；
9—稳定杆；10—大液压缸；11—底座

1.2 工作原理

液压站（图 3）的电机驱动液压泵，将低压液压油转换为高压液压油，向液压缸提供动力源。

图 3　液压站实物照片

通过电磁换向阀控制液压油的流向，驱动大液压缸活塞杆做伸出和收缩运动，实现游梁绕支架上端的支撑座转动。当液压缸活塞杆伸出时，驴头通过吊绳和悬绳器，带着抽油杆下行，完成下冲程设定的行程；相反，当液压缸活塞杆收缩时，抽油杆上行，完成上冲程设定的行程。

控制液压系统流量，可以调节液压抽油机的冲次；控制液压缸的伸缩量，可以调节液压抽油机的冲程。

2 理论设计计算

在设计过程中，主要考虑以下参数对游梁平衡式液压抽油机性能的影响。

2.1 大液压缸性能参数的计算

根据主机的运动要求、大液压缸设定位置、悬点载荷、配重位置及其重量、平衡调节装置的位置及其重量等进行动力分析和运动分析，确定液压缸的推力、速度、作用时间、内腔直径、行程及活塞杆直径等。

2.1.1 液压缸输出力的计算

液压缸输出力计算公式为：

$$F = \frac{G_3 L_3 - G_1 L_1 - G_2 L_2}{L} \tag{1}$$

式中　F——液压缸输出力，kN；

　　　G_1、G_2、G_3——配重重量、平衡调节装置重量、最大悬点载荷，kN；

　　　L_1——配重中心与支撑座的距离，m；

　　　L_2——平衡调节装置中心与支撑座的距离，m；

　　　L_3——抽油杆与支撑座的距离，m；

　　　L——大液压缸与支撑座的距离，m。

图 4 为大液压缸受力分析图。

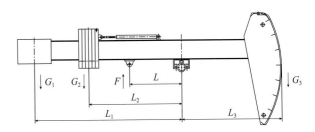

图 4　大液压缸受力分析图

2.1.2 液压缸活塞杆直径及活塞直径的计算

单杆活塞式液压缸拉力计算公式为：

$$N_a = pA \times 10^3 \qquad (2)$$

其中：

$$A = \frac{\pi}{4}(\Phi_{AL}^2 - \Phi_{MM}^2) \qquad (3)$$

式中　N_a——单杆活塞式液压缸的拉力，kN；

　　　p——设定的工作压强，MPa；

　　　A——液压缸有杆腔作用面积，m²；

　　　Φ_{AL}——活塞直径，m；

　　　Φ_{MM}——活塞杆直径，m。

按速比要求，根据常用液压缸内径和活塞杆选取适当的直径。

2.2　液压系统工作压力及流量的计算

按照工作载荷选取适当的液压系统工作压力。各液压缸流量为：

$$q = S_p v \qquad (4)$$

式中　q——各液压缸流量，m³/s；

　　　S_p——液压缸有效作用面积，m²；

　　　v——活塞与缸体的相对速度，m/s。

各液压缸流量 q 之和为液压系统流量 Q。

3 技术创新

3.1　液压系统

液压系统采用并联方式，对每台抽油机进行控制，每台抽油机以不同的工作压力和流量运行[4]，即以不同的冲程和冲次运行。液压系统对大液压缸实施全程自动控制，利用电磁换向阀控制大液压缸的伸出和收缩动作[5]。电磁溢流阀控制系统工作压力，单向调速阀控制大液压缸伸出和收缩的速度。抽油机工作参数（冲程、冲次）在一定范围内，可实现无级调节，图 5 为 2 台游梁平衡式液压抽油机的液压系统图。

小液压缸与游梁上方的平衡调节装置连接，通过控制小液压缸伸出活塞杆的长度，改变平衡调节装置重心位置，实现平衡调节，大大简化了平衡调节操作过程。

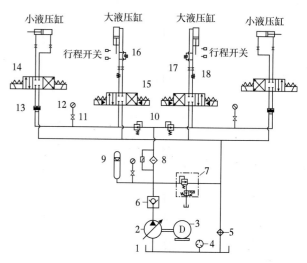

图 5　2 台游梁平衡式液压抽油机的液压系统图

1—油箱；2—柱塞泵；3—电机；4—电加热器；5—风冷却器；
6—单向阀；7—电磁溢流阀；8—高压过滤器；9—蓄能器；
10—减压阀；11—测压接头；12—压力表；13—液压锁；
14、15—电磁换向阀；16—单向调速阀；17—高压球阀；
18—平衡阀

3.1.1　运行模式

液压系统设置有蓄能器，大液压缸端部设置有缓冲装置，保证活塞杆运行至上、下止点位置时，系统运行平稳。

行程开关控制大液压缸伸缩运动极限位置，调整上、下行程开关位置，改变抽油机运行的上、下止点位置。

在大液压缸伸出运动过程中，无杆腔内处于进油状态，抽油机处于下行程阶段；活塞杆在做收缩运动过程中，有杆腔内处于进油状态，抽油机处于上行程阶段。调节单向调速阀，控制大液压缸有杆腔和无杆腔进液量的多少，使得液压抽油机下行速度比上行速度慢，实现快抽、慢放的最佳采油模式。

3.1.2　主要技术参数

以 1 台液压站带动 2 台额定载荷为 100kN 的游梁平衡式液压抽油机为例。主要技术参数：额定悬点载荷为 100kN；冲次为 0~4min⁻¹ 无级调整；冲程为 0~3m 无级调整。液压系统主要参数：电机功率 P 为 45kW；液压系统最大工作压力为 16MPa；流量 Q 为 240L/min。

液压系统适合 2 口井的井距范围为 5~30m。

3.1.3 技术优势

液压系统的技术优势主要有：

（1）采用液压驱动技术，可简化抽油机传动结构，降低设备总体重量 35%。

（2）可实现冲程、冲次无级调节。

（3）在游梁上，通过控制小液压缸伸缩长度，实现平衡调节，大大简化调整平衡操作过程。

（4）在游梁尾部设置配重，游梁上方设置平衡调节装置，即采用游梁直接平衡方式，相比常规抽油机曲柄平衡，具有平衡效果好、耗电低的优点。

（5）实现快抽、慢放的最佳采油模式。

（6）采用 1 台液压站驱动 2 台或 2 台以上游梁平衡式液压抽油机采油，具有投入成本低、节能效果明显的优势。

3.2 游梁结构

图 6 为游梁结构示意图。游梁是系统载荷的主要承载机构，绕支撑座转动，其前端悬挂驴头，尾端为配重。游梁体设计要满足强度要求，与相同载荷的游梁式抽油机游梁体结构相同，其宽度和高度尺寸相同，为获得较好的平衡效果，加大了游梁体尾部长度。

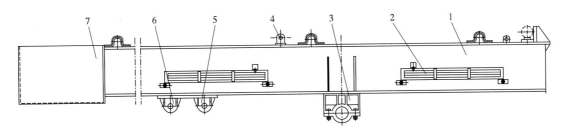

图 6　游梁结构示意图

1—游梁体；2—游梁走道；3—支撑座；4—小液压缸座体；5—大液压缸座体；6—稳定杆座体；7—配重

根据需要设定大液压缸座体位置，在液压缸行程一定的情况下，大液压缸座体距离支撑座越近，获得的冲程越大[6-7]。

游梁走道为通用件，支撑座与相同载荷的常规游梁式抽油机游梁上的支撑座通用。小液压缸座体、大液压缸座体、稳定杆座体的设计要满足安装和强度要求。

配重采用箱体焊接结构，箱体与游梁体焊接。为获得较好的经济性，在配重箱内填入适量的钢材余料，用水泥、铁屑末加水搅拌，注入箱体内，填充到钢材余料及箱体的缝隙中，浇注形成整体结构。

3.3 平衡调节装置

平衡调节装置由若干个片状配重通过螺栓杆串在一起，其上设置的滚动轴承与游梁上平面接触。通过小液压缸推动平衡调节装置，改变其在游梁上的位置，即改变平衡调节装置与支架上端中央轴承座的距离，实现平衡调节，也可以通过改变配重块的数量实现平衡调节，如图 7 所示。

单片配重块采用数控气割钢板下料，可获得较

好的成形，加工成本低。

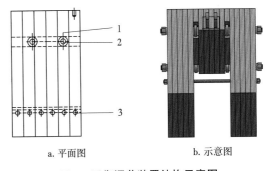

a. 平面图　　　　　　b. 示意图

图 7　平衡调节装置结构示意图

1—片状配重；2—滚动轴承；3—螺栓杆

3.4 稳定杆结构

抽油机在工作时，稳定杆跟随大液压缸运动，增加了设备运行的稳定；抽油机在安装、维修及采油井作业时，通过在支撑轴上插入扁销轴，使得支撑轴与支撑管连接成一体，二者不发生相对移动，保证了游梁处于静止状态，如图 8 所示。支撑轴左端设置的上限位螺母和上限位锁紧螺母，以及支撑轴右端设置的凸台，是为防止设备在极端情况下超

出运行范围，保证了设备运行安全。

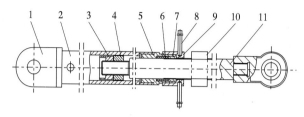

图 8　稳定杆结构图

1—挂耳座；2—支撑管；3—上限位锁紧螺母；4—上限位螺母；
5—密封填料盒；6—密封填料；7—压盖；8—手柄；
9—压帽；10—扁销轴；11—支撑轴

抽油机在工作时，支撑轴与支撑管发生相对运动，为防止两者之间因摩擦发出尖锐声音，设置了密封填料。

扁销轴承受压应力，需进行强度计算。扁销轴连接工作面的挤压强度校核公式为：

$$\sigma_{\mathrm{p}} = \frac{G}{S} \leqslant [\sigma_{\mathrm{p}}] \tag{5}$$

式中　σ_{p}——挤压强度，MPa；

　　　G——扁销轴承受的最大压力，N；

　　　S——扁销轴受压接触面积，m^2；

　　　$[\sigma_{\mathrm{p}}]$——许用挤压应力，钢的许用挤压应力为 60~90MPa。

4　现场应用

截至 2023 年 10 月，在 X 区块开展了 5 台样机、10 口油井试验。游梁平衡式液压抽油机无故障运行一年半时间，主要技术参数达到设计要求，即：悬点载荷为 100kN，冲程为 3m，冲次为 1~5min^{-1}，液压系统工作压力为 8MPa，油温在 20℃至 50℃之间。

1 台液压站带动 2 台 10 型游梁平衡式液压抽油机运行，使用 1 台 45kW 电动机和 1 台控制柜，对比 2 台 10 型常规游梁式抽油机使用 2 台 37kW 电动机和 2 台控制柜，节省 1 台电动机和 1 台控制柜，降低了投入成本。常规 10 型游梁式抽油机单机重量为 17t，2 台游梁平衡式液压抽油机共用 1 台液压站及 1 个板房，均分后单机重量为 11t，单台抽油机重量降低 35.3%，能耗降低 20%。

5　结　论

（1）游梁平衡式液压抽油机解决了目前液压抽油机采用液压缸与抽油杆直连，造成液压缸举升载荷大、液压系统工作压力大、液压系统投入成本高、冲击大，以及液压抽油机井口让位和复位操作繁琐等问题。

（2）游梁平衡式液压抽油机针对平台井、加密井以 1 台液压站驱动多台抽油机运行，解决了传统游梁式抽油机结构复杂、调参复杂、耗材高、整机重量大、投入成本高、能耗高等问题。

（3）游梁平衡式液压抽油机操作方便，实现无级调节抽油机的冲次、冲程，达到了快抽、慢放的最佳采油模式。

（4）通过小液压缸推动平衡调节装置，实现平衡调节，大大简化调平衡操作过程。

（5）在游梁尾部设置配重平衡，相比常规抽油机曲柄平衡，平衡效果好，而且耗电低。

（6）游梁平衡式液压抽油机研究时间较短、试验数量较少，产品应用中存在的不足未得到充分暴露，产品可靠性有待于继续研究，需要较长时间现场试验去验证。

参考文献

[1]　陈靖超，袁锐波，刘永亮．一种无游梁液压抽油机的仿真与实验研究［J］．价值工程，2018，37（5）：126-129.

[2]　孙爱军，叶勤友，孙伟．直连式液压抽油机的设计与应用［J］．钻采工艺，2019，42（1）：71-73.

[3]　韩景山．飞轮储能型液压抽油机的系统设计［J］．石油矿场机械，2018，47（2）：42-45.

[4]　贺启强，肖姝，魏斌，等．液压抽油机液压油的选用及配套液压系统设计［J］．机床与液压，2017，45（8）：137-140.

[5]　魏海生．Ⅰ型液压抽油机液压系统的设计分析［J］．油气田地面工程，2013，32（10）：59-60.

[6]　刘峰，肖富强，王永信，等．滑轮增程式液压抽油机液压系统设计研究［J］．液压与气动，2015（4）：98-101.

[7]　刘峰，林超群，李占勇，等．复合式滑轮增程液压抽油机设计［J］．石油矿场机械，2015，44（7）：39-43.

油基钻井液在徐深气田的应用

马金龙，陶丽杰

（大庆油田有限责任公司采油工艺研究院）

摘　要：徐深气田登娄库组泥岩发育，井壁稳定性差；营城组井壁剥落易落碎块，井眼净化难；目的层裂缝发育，压稳气层与防漏堵漏矛盾突出，钻井液安全密度窗口窄；天然气中富含 CO_2，易造成地层伤害；在长水平段水平井施工中，钻井扭矩大、摩阻大。针对该气田的地质特点和作业要求，优选使用油基钻井液体系，并对其性能进行室内评价及现场应用效果分析。室内评价结果表明，油基钻井液体系性能稳定，破乳电压达到 600V 以上，高温高压滤失量不高于 3mL，能够抗 180℃ 高温，抗岩屑地层伤害能力强。现场起下钻作业顺利，未发生井壁失稳等复杂情况，机械钻速提升，套管一次下到位。在钻井液方面有效解决了深层气水平井井壁稳定性差、井眼净化难、地层易漏，以及 CO_2 对地层伤害和工程措施要求高等问题。

关键词：徐深气田；深层气；水平井；油基钻井液；钻井液性能

徐深气田位于松辽盆地北部徐家围子断陷内。徐家围子断陷规模较大，近南北向展布，面积约为 $4300km^2$，断陷周边海拔为 $-3500 \sim -2500m$。目前已探明储量近 $3000 \times 10^8 m^3$，每年产气量达 $17 \times 10^8 m^3$ 以上，累计产气量达 $110 \times 10^8 m^3$ 以上[1]。徐家围子断陷下白垩统深部地层自上而下为泉头组、登娄库组、营城组、沙河子组、火石岭组[2]。其中营城组、火石岭组发育巨厚火山岩，沙河子组发育含煤和暗色泥岩的致密砂砾岩。由于沙河子组成岩作用强、砂砾岩致密、埋藏深，一直作为烃源岩研究，因此沙河子组及下部火石岭组没有作为勘探目的层[3]。徐深气田的天然气勘探主力层一直以营城组为主，营城组共划分为 4 段：营城组一段和营城组三段为火山岩储层，储层有效厚度介于 $40 \sim 50m$，以钻遇Ⅱ类、Ⅲ类气层为主；营城组二段和营城组四段为含凝灰质的砂岩、泥岩互层[4]。

由于登娄库组发育大段泥岩，地层稳定性差，采用水基钻井液而引发的井壁坍塌、遇阻、卡钻等问题十分普遍；营城组火山岩储层地层坚硬，可钻性差，纵向上分布多套砾岩、砂砾岩互层及疏松凝灰质岩，井壁剥落井眼规则度差，严重制约了钻井提速；近年来为了降本增效，气田内水平井水平段长度不断增长，施工难度不断加大，对钻井液提出了更高要求。2015 年后由于环保要求，气田内不再使用油基钻井液体系，随着钻井液不落地技术及装备不断更新，钻井液废弃物无害化处理工艺逐渐成熟[5]，油基钻井液通过环评审核并再次受到青睐。为此开展了深层气油基钻井液技术研究，形成了适用于徐深气田的钻井液技术体系。

1 施工难点及钻井液技术措施

1.1 施工难点

1.1.1 井壁稳定性差

登娄库组一般为造斜井段，该地层发育暗紫色泥岩、粉砂质泥岩与灰、紫灰色泥质粉砂岩。砂泥岩交互出现，接触面胶结性差，层理发育，泥岩吸水水化膨胀易剥落，易造成井壁失稳、遇阻、卡钻等复杂情况。

第一作者简介：马金龙，1989 年生，男，工程师，现主要从事钻井工程设计及科研工作。

邮箱：jinlongma@petrochina.com.cn。

1.1.2 井眼净化难

营城组多为水平井段，该地层发育有脆性火山岩及疏松凝灰质岩，钻进研磨中脆性火山岩易落碎块，疏松凝灰质岩遇水易膨胀垮塌。近年来深层气水平井水平段长度一般达到 1500m 以上，由于井壁剥落导致水平井段井眼规则度差，岩屑床会沿着井壁下滑形成严重的堆积，从而堵塞井眼，携砂困难，容易造成起下钻阻卡，影响钻井速度。

1.1.3 安全密度窗口窄

登娄库组含气、发育微裂缝；营城组地层发育气层存在小断层或破碎带，登娄库组和营城组这两组地层在施工中均易发生气侵、井漏等复杂情况。气田内已钻井发生气侵和井漏情况较多，漏失严重时会诱发井喷事故的发生，因此压稳气层与防漏堵漏矛盾突出，导致钻井液安全密度窗口窄。

1.1.4 酸性气体易产生腐蚀

储层中富含 CO_2 伴生气，最高含量可达 90% 以上。当大量 CO_2 气体进入钻井液时，钻井液中碳酸根离子和碳酸氢根离子质量浓度增加，造成钻井液黏度升高、滤失量增大、pH 值降低。采用水基钻井液体系时，一般采用钙处理的方式来中和 CO_2 对地层的伤害，但是大量引入钙离子会严重破坏钻井液性能，从而引起更多的井下复杂情况。

1.1.5 钻井扭矩大、摩阻大

近年来井眼轨道设计中水垂比变大，井深变浅，但水平位移增大，且轨道多为三维轨道，钻柱的旋转阻力、提拉阻力及摩擦阻力大幅度提高。深层气水平井后期采用大规模压裂完井方式，套管串中搭配无限级压裂滑套、封隔器，套管结构复杂，下入困难。

1.2 钻井液技术措施

（1）针对登娄库组泥岩地层易水化膨胀的问题，应根据滤失量变化及时补充使用降滤失剂，控制高温高压滤失量，通过降低滤失量来减少水化反应，从而防止泥岩水化膨胀。

（2）针对造斜段和水平段岩屑堆积、井眼净化难的问题，要求钻井液具有良好的悬浮携岩性能，应控制好钻井液的流变性，适当提高动塑比来保持井眼清洁能力。钻井液六速黏度计 6r/min

的直读值不低于 6，保证悬浮重晶石的最低动切力；三开 215.9mm 井眼的排量保证在 30L/s 以上，从而将井底岩屑携带至地面，防止形成岩屑床；同时钻井液要具有较低的黏度和良好的流变稳定性，以保持合适的循环当量密度。

（3）针对登娄库组和营城组既要压稳气层又要面临防漏堵漏导致的钻井液安全密度窗口窄的问题，一方面要选取合理的钻井液密度，还要避免密度大幅度变化，波动范围不宜大于 $0.02g/cm^3$；另一方面通过添加刚性架桥材料超细碳酸钙、纳米封堵材料封堵剂 A、柔性纤维材料封堵剂 B 复配使用来改善泥饼质量、提高井壁承压能力，达到井壁稳固的作用。

（4）针对 CO_2 伴生气易产生地层伤害的问题，加入氧化钙等材料来提供钙离子、调节 pH 值，能够保持油基钻井液 pH 值处于 9~11 的高值，且性能稳定。

（5）针对钻井扭矩大、摩阻大及套管下入困难的问题，可以通过钻井液调节因素来解决，即提高钻井液的润滑性能。目的层岩石亲油，柴油基液具有良好的润滑性，通过严控固相含量，防止体系受到岩屑污染，保持油基钻井液摩阻系数控制在 0.08 及以下，从而降低钻柱旋转阻力、提拉阻力、摩擦阻力，并保证套管下入顺利。

2 油基钻井液及性能评价

2.1 油基钻井液配方

针对徐深气田的地质特点及水平井施工难点，在钻井液体系中添加降失水剂来保持井眼稳定、防止井壁坍塌；添加有机土来提黏增切；添加氧化钙来防止 CO_2 侵入腐蚀；添加进口纳米封堵剂 A、柔性纤维材料封堵剂 B，配合超细碳酸钙来增强体系封堵性；添加润湿剂使重晶石粉表面亲油，降低黏切；添加重晶石粉提高钻井液密度。

最终确定钻井液配方比例：柴油+4.0% 主乳化剂+2.0% 辅乳化剂+3.0% 油包水降滤失剂+5.0% 有机土+15%（40% 氯化钙盐水）+4.0% 氧化钙+1.0% 封堵剂 A+0.7% 封堵剂 B+0.5% 润湿剂+超细碳酸钙+重晶石粉。

2.2 性能评价

2.2.1 加重性能

通过控制重晶石粉加量，配制了 3 种不同密度的油基钻井液，进行室内热滚老化实验。

老化条件为 120℃×16h，流变性测试温度为 50℃，高温高压滤失量的测试温度为老化温度。室内实验评价结果如表 1 所示。

表 1　油基钻井液加重性能评价结果表

密度 （g/cm³）	状态	塑性黏度 （mPa·s）	动切力 （Pa）	初切/终切 （Pa/Pa）	破乳电压 （V）	高温高压滤失量 （mL）
1.2	热滚前	26	7.0	3/7	652	
	热滚后	27	7.0	3.5/7	725	3.0
1.4	热滚前	30	8.0	4/8	678	
	热滚后	31	8.5	4/8	771	2.4
1.6	热滚前	35	11.0	5/11	720	
	热滚后	37	12.0	5/10	855	2.0

由表可知，随着钻井液密度升高，塑性黏度和动切力相应上升，表示悬浮能力有所提高；破乳电压随密度升高相应提高，均在 600V 以上；由于配置了降失水剂和封堵剂，使钻井液在不同密度下均具有较好的滤失性能，高温高压滤失量控制在 3.0mL 以下；热滚前后钻井液各项参数未见异常，说明该体系稳定性能良好[6]。

2.2.2 抗高温性能

徐深气田地温梯度比国内其他油田高出 1℃/100m 左右，徐深气田地温梯度一般在 3.8~4.8℃/100m 之间，实际平均单井井底温度在 150℃左右，较高的井底温度对钻井液性能维护提出了更高的

要求。因此选择密度为 1.20g/cm³ 的油基钻井液，进行了 120℃、150℃和 180℃抗高温老化评价实验，评价其在高温老化后的塑性黏度和动切力随时间的变化情况，结果如表 2 所示。

根据油基钻井液抗高温性能评价结果，120℃、150℃和 180℃温度下抗高温性能纵向对比可知，钻井液塑性黏度和动切力没有太大变化，说明该体系能够抗 180℃高温[7]。通过热滚后不同时间下抗高温性能横向对比可知，塑性黏度随时间推移有所上升，动切力随时间推移有所下降，但幅度均不大，钻井液仍然能够保持良好的流变性，同样说明体系在 180℃高温下表现稳定。

表 2　油基钻井液抗高温性能评价结果表

温度 （℃）	热滚前		热滚 16h 后		热滚 24h 后		热滚 48h 后		热滚 72h 后	
	塑性黏度 （mPa·s）	动切力 （Pa）	塑性黏度 （mPa·s）	动切力 （Pa）	塑性黏度 （mPa·s）	动切力 （Pa）	塑性黏度 （mPa·s）	动切力 （Pa）	塑性黏度 （mPa·s）	动切力 （Pa）
120	26	7.0	27	6.5	27	6.5	28	6.0	30	5.5
150			27	6.5	28	6.0	30	5.5	31	5.0
180			28	6.0	29	5.5	31	5.0	33	5.0

2.2.3 抗污染性能

在 120℃×16h、50℃的测试条件下，选择密度

为 1.20g/cm³ 的油基钻井液，加入 4 种不同量的地层岩屑污染物，考察钻井液的流变性、滤失性、

电稳定性等的变化情况，结果如表 3 所示。

表 3　油基钻井液抗污染性能评价结果表

岩屑侵污率（%）	状 态	塑性黏度（mPa·s）	动切力（Pa）	初切/终切（Pa/Pa）	破乳电压（V）	高温高压滤失量（mL）
5	热滚前	27	9.0	3/7	793	
	热滚后	29	7.0	3/7	603	2.2
10	热滚前	31	11.0	4/8	831	
	热滚后	32	7.0	4/9	683	2.0
15	热滚前	33	12.5	4/9	841	
	热滚后	33	11.0	4/10	623	2.2
20	热滚前	35	15.5	5/10	835	
	热滚后	34	12.0	5/11	675	1.6

由表可知，在钻井液被岩屑污染后，体系塑性黏度和动切力均有不同程度的增加，破乳电压有不同程度的下降，但都大于 600V，电稳定性良好，滤失性能良好[8]。可见，钻井液的抗污染能力较强，能够满足徐深气田深层气长水平段水平井钻井的需要。

2.2.4　封堵承压性能

与水基钻井液相比，油基钻井液因其润滑性更高且不易形成有效的膜，更容易造成井眼漏失现象[9]。针对徐深气田目的层裂缝发育的特点，钻井液体系中优选了两种堵漏剂，其中封堵剂 A 为进口纳米封堵材料，封堵剂 B 为国产微细纤维材料。选取营城组一段火成岩岩样进行砂床实验，对钻井液体系封堵性能做对比。实验主要是利用 120 目砂床，在压力为 3.5MPa、温度为 120℃的条件下，测量密度为 1.20g/cm³ 的 3 种钻井液体系在 30min 内的钻井液砂床滤失量[10]，结果如表 4 所示。

表 4　砂床滤失实验结果表

序 号	钻井液	时 间（min）	高温高压滤失量（mL）
1	复合盐水基	30	11.6
2	油包水基浆	30	5.0
3	添加封堵剂油包水	30	2.8

由表可知，添加了封堵剂的油基钻井液体系，钻井液砂床滤失量仅为 2.8mL，明显低于邻井使用的复合盐水基钻井液，也低于不添加封堵剂的油包水钻井液基浆，说明这两种封堵剂达到了协同作用效果，起到了封堵井壁的作用。

3　现场应用

3.1　现场配制

配制油基钻井液前清洗钻井液罐，更换耐油配件，用清水检验钻井液罐的密封性，防止柴油渗漏。根据室内评价结果，按油水比 80∶20 计算各种处理剂的加量，固体处理剂均由加重漏斗加入。

具体操作如下：（1）在单独罐中放入计量的基础油，充分搅拌，依次加入主乳化剂、辅乳化剂、润湿剂等化学处理剂，剪切搅拌混合 2h 以上，使其充分溶解均匀。（2）水相氯化钙水溶液在另一罐中单独配制，首先放入计量好的水，缓慢加入计量好的无水氯化钙，搅拌混合均匀。（3）配制完成后加入油相中，尽量长时间搅拌使其充分乳化。（4）加入有机土增黏剂，并加入氧化钙、降滤失剂，搅拌 2h 以上。（5）按照设计密度要求，由加重漏斗缓慢加入所需重晶石粉，继续搅拌 4h 以上，入井前测定流变性、破乳电压和高温高压滤失量等；随时观察监测体系，破乳电压达到 400V 以上可开钻。（6）开钻以后，按照施工方案加足封堵材料并充分剪切溶解，保障钻井液封堵性。

3.2　现场维护

3.2.1　固相控制

振动筛使用 200 目筛布，保持筛子仰角平下，避免岩屑从筛框漏入罐中，使用时间占总循环时间 100%；除砂除泥一体机使用 200 目筛布，使用时间占总循环时间 80% 以上，筛布和筛框密封条损坏后及时更换；使用离心机清除低密度固相，使用时间占总循环时间 50% 以上。

3.2.2　提高电稳定性

随着持续钻进，乳化剂损耗、钻屑含量增加、油相润湿不足、地层水污染均会导致钻井液体系破乳电压降低。提高破乳电压的方法是补加主乳化剂，如果因大量钻屑污染或钻井液密度加重引起破乳电压降低，应同时补加润湿剂。及时调整油水比，高油水比也可以增加油基钻井液乳化稳定性。

3.2.3 降黏切

正常钻进过程中，由于钻屑、地层水侵入都会引起体系黏度的升高。钻屑侵入会导致固相含量增加，需要补充润湿剂；地层水侵入会导致油水比降低，需要补充主乳化剂，同时补加入基油恢复油水比。

3.2.4 增黏度

对登娄库组和营城组钻进，泥岩发育地层易垮塌，水平段清砂困难，需增强钻井液携砂能力，可以适当提高黏度。通过补加有机土来提高屈服值、静切力及塑性黏度，也可以通过调整油水比来提高屈服值和静切力。

3.2.5 降低滤失量

油基钻井液的乳化稳定性受到破坏会导致滤失量增大。如果破乳电压不足，在补加降滤失剂的同时应补加主乳化剂；只要黏度不是很低，在补加降滤失剂的同时可以补加少量润湿剂。

3.2.6 酸性气体控制

营城组的天然气中含有二氧化碳酸性气体，钻井液碱度会明显下降。处理方法：加入氧化钙可保持体系的碱度，未溶解氧化钙的质量浓度应保持在 $15 \sim 25 kg/m^3$ 之间。

3.3 现场钻井液性能

S16-P2 井完钻井深 4460m，水平段长约 1500m，二开技术套管下入泉头组底部，三开使用 215.9mm 钻头，采用油基钻井液体系，进入登娄库组开始造斜，水平段完全在营城组里。根据现场钻井液情况，测得 S16-P2 井三开钻井液性能如表 5 所示。

由钻井液性能数据可以看出，钻井液高温高压滤失量不高于 3mL，滤失量小有利于维持井壁稳定；塑性黏度为 $27 \sim 35 m Pa \cdot s$，动切力为 $9 \sim 11Pa$，流变性好；动切力和静切力较高，具有良好的悬浮性和携带能力；破乳电压大于 600V，高于设计破乳电压 400V，电稳定性好。

表 5　S16-P2 井三开钻井液性能表

地层	井深 （m）	密度 （g/cm³）	塑性黏度 （mPa·s）	动切力 （Pa）	初切/终切 （Pa/Pa）	高温高压滤失量 （mL）	破乳电压 （V）
登娄库组	2985	1.17	27	10.5	3/7	3.0	665
	3073	1.20	27	10.5	3.5/7	3.0	752
	3149	1.20	27	9.0	3.5/7	3.0	856
	3238	1.19	27	9.5	4/7	2.8	810
	3406	1.20	27	10.0	4/7	3.0	874
营城组	3463	1.19	28	9.0	4/7	3.0	900
	3520	1.19	29	9.0	4/7	3.0	927
	3606	1.19	29	9.0	4/6	3.0	868
	3976	1.20	29	9.0	4/7	2.2	800
	4035	1.20	29	10.0	4.5/7	3.0	844
	4113	1.20	32	10.5	5/9	3.0	880
	4212	1.18	35	10.0	4/9	2.2	846
	4252	1.18	35	11.0	4/10	3.0	896
	4460	1.18	35	10.5	4/10	2.2	821

3.4 应用效果评价

统计与 S16-P2 井相近的已钻 10 口井的钻井时效资料，进行对比分析，结果如表 6 所示。由表可知，采用油基钻井液体系的 S16-P2 井与采用水基钻井液体系的已钻井相比，井深变浅、水平段增长、机械钻速更高、钻井周期更短。通过对油基钻井液体系有针对性的维护调整，有效控制了登娄库组和营城组的井壁剥落、垮塌等水基钻井液带来的常见问题。215.9mm 井眼油层段井径扩大率仅为 1.77%，油层段固井质量合格率为 100%。说明油基钻井液抑制性、润滑性、抗高温性更强，钻井液性能稳定、流变性好、滤失量低，能够满足大庆深层天然气高温井和长水平段水平井的钻井需求。

表 6　钻井时效分析表

井　号	钻井液体系	井　深（m）	水平段长度（m）	机械钻速（m/h）	井径扩大率（%）
S16-P2	油基	4460.00	1440.00	3.54	1.77
周围 10 口井（平均）	水基	4678.67	1038.43	1.93	8.84

4 结　论

（1）室内实验表明，油基钻井液体系具有抑制防塌性强、电稳定性高、抗高温性能稳定、抗岩屑污染能力强等优点。

（2）现场试验证明，油基钻井液体系可有效解决徐深气田深层水平井井壁稳定性差、井眼净化难、钻井液安全密度窗口窄、二氧化碳易污染和钻井扭矩大、套管下入困难等问题，能够满足徐深气田的作业需求，为大庆油田深层气资源开发提供了重要技术支撑。

（3）目前油基钻井液可选用的防漏堵漏剂种类少，堵漏技术比较粗放。如发生严重井漏时，补充的油基钻井液成本较高。建议进一步开展徐深气田防漏堵漏技术研究，以更好地解决该地区多发性漏失问题。

参考文献

[1]　王永卓，周学民，印长海，等．徐深气田成藏条件及勘探开发关键技术 [J]．石油学报，2019，40（7）：866-885.

[2]　姜冠一．徐家围子断陷升平—兴城地区深层火山岩岩性、岩相特征及喷发期次 [J]．大庆石油地质与开发，2021，40（4）：9-24.

[3]　周国锋，龚松涛．断陷湖盆致密砂砾岩储层成岩作用与物性演化：以松辽盆地徐家围子断陷为例 [J]．西安石油大学学报（自然科学版），2020，35（1）：34-40.

[4]　邵玙一，吴朝东，张大智，等．松辽盆地徐家围子断陷沙河子组储层特征及控制因素 [J]．石油与天然气地质，2019，40（1）：101-108.

[5]　付韶波，马跃，岳长涛．油基钻屑无害化处理和资源化利用研究进展 [J]．应用化工，2021，50（8）：2207-2212.

[6]　潘谊党，于培志．密度对油基钻井液性能的影响 [J]．钻井液与完井液，2019，36（3）：273-279.

[7]　范胜，周书胜，方俊伟．高温低密度油基钻井液体系室内研究 [J]．钻井液与完井液，2020，37（5）：561-565.

[8]　孙玉学，郭春萍，赵景原，等．低毒高性能油基钻井液研制与评价 [J]．大庆石油地质与开发，2021，40（2）：95-102.

[9]　钱志伟，鲁政权，白洪胜，等．油基钻井液防漏堵漏技术 [J]．大庆石油地质与开发，2017，36（6）：101-104.

[10]　邱正松，暴丹，刘均一，等．裂缝封堵失稳微观机理及致密承压封堵实验 [J]．石油学报，2018，39（5）：587-596.

大庆中深层水平井一趟钻关键技术研究与应用

李 宁[1]，李 博[1]，毕晨光[2]，张越男[1]，李继丰[3]

（1. 大庆油田有限责任公司钻探工程公司；2. 大庆油田有限责任公司勘探事业部；
3. 大庆油田有限责任公司采油工艺研究院）

摘 要：为解决大庆油田中深层水平井三开直径 215.9mm 井眼一趟钻面临的井壁易失稳、滑动钻进工具面不稳、井眼清洁难度大等方面的施工难题，从青山口组地质特征和钻井施工特点入手，基于岩石力学分析和压力传递理论，开展了井壁失稳机理研究。应用数值模拟方法，计算钻井参数条件下的岩屑床厚度和流体状态分布，确定最优钻井参数，形成了以油基钻井液封堵配方优化、随钻测量仪器优选、"三大两高"钻井参数为核心的一趟钻配套工艺技术。通过现场应用，最高单趟钻进尺达到 3334m，深化了技术可行性认识，为中深层水平井钻井提速提供了有力技术支撑。

关键词：青山口组；水平井；一趟钻；三开；井壁失稳

松辽盆地北部非常规石油资源潜力巨大，主要目的层为青山口组，2020 年勘探成果展现了良好的勘探开发前景。青山口组岩性主要为层状、纹层状泥页岩，储层具有压力高（地层压力系数为 1.20～1.58）、黏土矿物含量高（34.5%～36.3%）、可钻性好（4.3～6.8 级）的特点。得益于青山口组高黏土矿物的可压性认识，该油藏采用水平井＋体积压裂方式开发[1]。开发层位为 Q1—Q9 层，设计井深在 4800～5400m 之间，垂深在 2500m 左右，设计水平段在 2000～2500m 之间。三开为直径 215.9mm 井眼，段长普遍大于 2500m（造斜段+水平段）；施工中裸眼井段长、岩屑运移距离长、环空压耗大、泵压高（大于 30MPa）、井底温度高（达到 120℃），以及对技术器材工作稳定性要求高。按照以往的施工经验和认识，在三开包含造斜段和水平段的情况下钻完 2500m 以上井段至少需要两趟钻，周期在 10d 以上[2]。鉴于青山口组具有可钻性较好、设计造斜率适中（小于 7.0°/30m）的特点，预期可通过提高机械钻速、提升轨迹控制效率和技术器材工作稳定性来实现三开一趟钻，将三开钻井周期控制在 10d 以内。因此实施三开一趟钻具有技术和现实可行性。

1 技术难点

页岩地层层理和孔缝发育，钻井液侵入后会造成岩石内聚力降低，易沿层理面发生破坏，从而引发井壁剥落、坍塌。由于砂泥岩、泥页岩夹层及互层发育，可钻性不一，滑动钻进时反扭力矩变化大，会造成工具面不稳，影响定向施工效率。长水平段施工时，钻具上下环空返速不一致会造成底边岩屑沉积并反复研磨变细，不易清除，并最终形成岩屑床，给井眼清洁带来较大难度。

1.1 井壁易失稳

研究表明，青山口组为微裂缝，孔隙发育，裂缝为 1000～3000 条/m，宽度为 0.79～30.44μm，孔隙以基质孔隙为主，孔隙直径在 5～1000nm 之间（图 1、图 2），为钻井液侵入提供了有效通道。同时，该层位黏土矿物含量高，既亲油又亲水，伊利石具有明显的表面水化特点，随着钻进井段延伸和压差变化，钻井液滤液会进入孔缝中，降低岩石内聚力及强度，井壁承压能力会随之降低，易发生漏失及剥蚀掉块。

第一作者简介：李宁，1981 年生，男，高级工程师，现主要从事钻井技术管理工作。

邮箱：li_ning001@cnpc.com.cn。

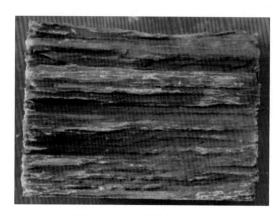

图 1 青山口组岩心实物图

青山口组主要矿物成分为黏土、石英和铁白云石，以及部分方解石和斜长石，GY-X2 井全岩矿物含量结果如表 1 所示。钻井液滤液进入地层内部，不同黏土颗粒吸水膨胀速率不同，所产生的膨胀压力亦不同，易引起地层内部应力不平衡，地层强度降低，造成地层沿层理、裂缝的断面发生剥落和坍塌。石英、方解石等不膨胀的矿物包围在黏土矿物周围，造成膨胀压差，破坏岩石的机械稳定性，易引起井壁失稳[3]。

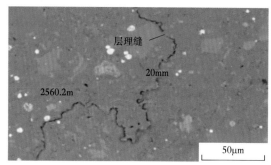

a. 平行层理方向

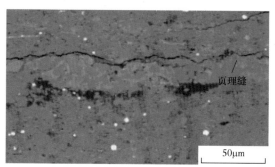

b. 垂直层理方向

图 2 青山口组裂缝发育形貌图

表 1 GY-X2 井全岩矿物含量结果表

井 深 （m）	层 位	特性描述	矿物含量（%）							
			石 英	钾长石	斜长石	方解石	铁白云石	黄铁矿	脆性矿物	黏土矿物
2245.30	青二段	灰黑色纹层状	35.1	0	23.0	0	1	4.4	40.5	36.6
2345.84	青一段	纹层状	41.1	0	13.9	0	0	2.9	44.0	42.2
2350.83	青一段	纹层状	35.1	1.6	18.6	15.1	0	5.6	55.8	23.9
2351.63	青一段	纹层状	41.6	0	19.7	5.8	0	0	47.4	32.9
2349.57	青一段	层状	39.3	0	17.8	0	0	3.5	42.8	39.4

油基钻井液侵入岩石层理缝后，油相会溶解裂缝周围的部分有机质（岩石 TOC 值为 2.48%），引起孔缝尺寸变大，整体孔隙度增加，岩性强度下降；水分渗透进入岩石层理缝导致外部应力迅速减小，出现起层现象，导致劣化垮塌[4]，如图 3 至图 5 所示。

1.2 滑动钻进工具面不稳

青山口组非均质性较强，在不同区块青二段和青三段砂泥岩夹层、互层均有发育，地层可钻性存在差异，会引起滑动钻进时钻压、扭矩的突

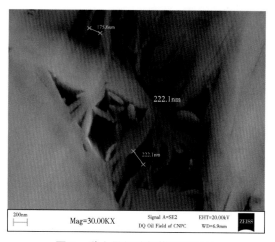

图 3 黏土晶间孔扫描电镜图片

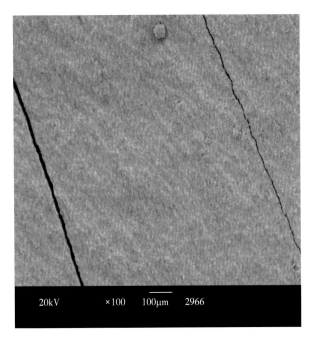

图 4　岩石层理缝扫描电镜图片

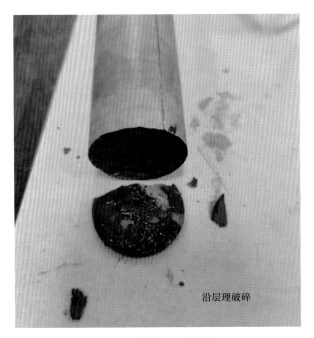

图 5　岩心沿层理破碎实物图

然变化，造成三开造斜段定向施工过程中工具面不稳、托压、造斜率不足等问题，影响施工效率。分析表明，在砂泥岩夹层、互层发育井段，岩层含钙量相对较高。根据施工数据可知，随着钙含量的增加（含钙量大于 6%），对应井段的机械钻速偏低。因此地层含钙量与机械钻速呈负相关，如表 2、表 3 所示。

表 2　GY-X-1 井岩性分析统计表

井深（m）	岩　性	含钙量（%）	钻速（m/h）	钻进方式
2138	灰黑色泥岩	5.05	16.00	复合
2140	灰黑色泥岩		17.65	定向
2142	灰黑色泥岩	8.98	11.28	定向
2144	灰色泥质粉砂岩		4.49	定向
2146	灰黑色泥岩	9.04	3.35	定向
2148	灰黑色泥岩		2.05	定向
2150	灰黑色泥岩	9.00	4.31	定向
2152	灰黑色泥质粉砂岩		3.81	定向
2154	灰黑色泥岩	9.02	3.90	定向
2156	灰黑色泥质粉砂岩		8.20	定向
2158	灰黑色泥岩	8.87	5.81	定向

表 3　GY-X-5 井岩性分析统计表

井深（m）	岩　性	含钙量（%）	钻速（m/h）	钻进方式
2096	黑灰色粉砂质泥岩	5.55	6.06	定向
2100	黑灰色泥岩	5.35	5.88	定向
2103	黑灰色泥岩		6.32	定向
2104	黑灰色泥岩	4.91	4.32	定向
2107	黑灰色泥岩		6.90	定向
2108	灰色泥质粉砂岩	5.59	4.32	定向
2109	灰色泥质粉砂岩		7.14	定向
2112	黑灰色泥岩	6.62	5.45	定向
2116	黑灰色粉砂质泥岩	7.54	3.90	定向
2120	黑灰色泥岩	8.42	5.88	定向
2124	黑灰色泥岩	6.15	7.41	定向
2128	黑灰色泥岩	6.32	2.21	定向
2132	黑灰色粉砂质泥岩	5.90	5.94	定向

1.3　井眼清洁难度大

　　三开施工裸眼井段长，岩屑在长水平段运移距离长，在上返过程中经过反复研磨变细，形成无用固相侵入钻井液，影响钻井液流变性能，增加携岩难度。同时，岩屑易下沉在井眼底边形成岩屑床，摩阻扭矩相应增大，易造成起下钻遇阻遇卡。水平段施工后期，由于岩屑床的存在，井筒内岩屑浓度增加，增大了环空压力，泵压也随之增加，无法充分释放排量，不利于井眼的清洁。

　　目前的常规措施是通过短程起下钻破坏岩屑床，疏通井眼，然后进行分段循环返砂来提升井眼的清洁程度。实践表明，由于青山口组岩性脆、易剥落，在多次短起下钻及循环划眼过程中，钻具对井壁的频繁碰撞会造成新的剥落和沉砂堆积，反而不利于井眼清洁，也降低了施工效率。

2 一趟钻配套关键技术

2.1 油基钻井液封堵防塌技术

2.1.1 体系配方优化

通过开展青山口组孔缝特征研究，明确了孔缝尺寸及分布特征。在此基础上，对封堵剂种类和加量进行了优化，同时引入成膜封堵理念，实现多种粒径封堵剂和孔缝尺寸有效匹配的同时，在岩石表面形成疏水油膜，减少伊利石的表面水化。

通过微米 CT 扫描、氮气吸附、高压压汞、场发射电镜等技术融合、归一化，孔隙直径多分布在 0~128nm 之间（图 6），其中小于 64nm 的孔隙占 66.63%，因此加强纳米—亚微纳米尺寸封堵是提高井壁稳定性的关键。

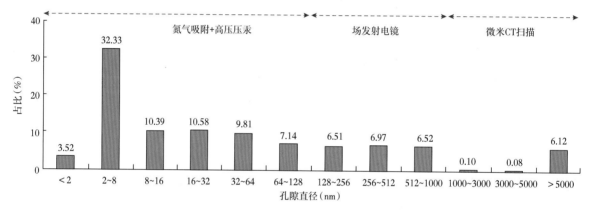

图 6　压汞法测试青山口组孔隙尺寸分布对比图

优选了粒度分布更低、分散效果更好的油溶性成膜封堵材料腐殖酸类成膜封堵剂、刚性纤维非渗透封堵剂和油基钻井液用纳米聚合物，在降低高温高压滤失量（HTHP 失水）和砂床封堵方面效果突出，HTHP 降低 20%（图 7）。岩石劣化程度有效延缓，其中水平方向减缓 20%，垂直方向减缓 6.7%

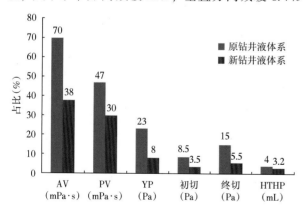

图 7　优化前后钻井液体系性能对比图

AV—表观黏度；PV—塑性黏度；YP—动切力；
HTHP—高温高压滤失量

（图 8），强化了钻井液封堵防塌性能，现场应用 50 余口井。

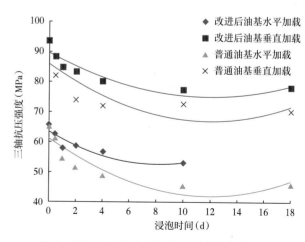

图 8　不同钻井液体系下岩石强度变化曲线图

2.1.2 钻井液性能优化

以全井段岩石力学参数计算模型为基础，结合岩石力学参数、测井资料和模型预测结果，初步建立了全井段三压力预测剖面（图 9）。

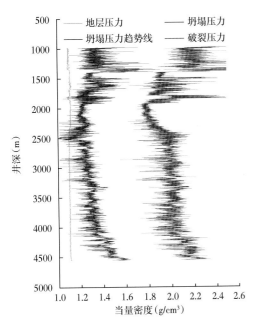

图 9　全井段三压力预测曲线图

坍塌压力当量密度云图显示（图 10），井斜角在 50°~80°之间，当方位角位于 4 个象限中间 20°范围时，坍塌压力当量密度最大达到 1.406~1.619g/cm³。

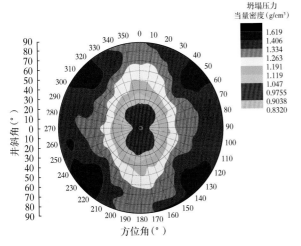

图 10　不同井斜角、方位角下坍塌压力当量密度云图

通过有限元数值模拟及二次修正，初步测算坍塌压力系数为 1.58。进入靶点 A 后，在井斜角、钻井液劣化综合作用下，坍塌压力当量密度大于常规坍塌压力当量密度。根据校正结果可知，以井底坍塌压力当量密度不超过 1.94g/cm³ 为安全密度上限，确定目的层段钻井液密度为 1.68 ~ 1.73g/cm³。为保障高密度油基钻井液较强的乳化稳定性，打破破乳电压不小于 400V 即可的传统观念，将着

陆后破乳电压提高到不小于 600V。为提高低剪切速率下的携带能力，确定 φ6 转读数为 8~15（表 4）。

表 4　中深层水平井三开油基钻井液性能对比表

工　况		钻　进
常规性能	密度（g/cm³）	1.68 ~ 1.73
	漏斗黏度（s）	55 ~ 70
	HTHP（mL）	≤3
	泥饼（mm）	≤0.5
	碱度（mL）	1 ~ 3
	含砂率（%）	≤0.5
	油水比	85 : 15
流变参数	初切（Pa）	3 ~ 8
	终切（Pa）	6 ~ 18
	塑性黏度（mPa·s）	5 ~ 50
	动切力（Pa）	10 ~ 18
	φ6 转读数	8 ~ 15
	固相含量（%）	≤34
	破乳电压（V）	600

2.1.3 维护处理措施优化

（1）规范了钻井液维护操作方法。将直接向循环系统加干粉类处理剂，改为提前配胶液向循环系统混入，避免因钻井液固相分散不均匀影响钻井液性能。

（2）规范了钻井液加重操作程序。变原有干法加重为湿法加重，避免因石粉润湿不佳，黏糊井壁造成假缩径。

（3）优化了钻井液重复利用工艺流程。利用钻井泵对钻井液进行地面循环，通过振动筛充分净化后，再打入循环罐内参与井内循环，确保钻井液清洁度。

（4）提升固控能力。使用 3 台高频振动筛，提高振动筛目数，二开目数不低于 160 目、三开不低于 200 目，有效降低钻井液中有害固相含量。

2.2 技术器材优选

从增加钻头稳定性兼顾抗冲击性入手，优选出

6 刀翼 PDC 钻头，增大了钻头与地层接触面积，增强了钻具抵抗地层反扭力矩的能力，较好地解决了滑动钻进工具面不稳的问题，造斜段施工效率提升 40%。为适应岩石地层高地温梯度（井底 120℃），满足耐油要求，实现长时间稳定工作，选用了长寿命、高稳定性螺杆和随钻测量仪器（LWD）（表 5）。

表 5　技术器材选用标准参数表

技术器材	规格	性能要求	技术指标
钻头	外径 215.9mm、16mm 平面双排齿	6 刀翼、浅内锥面、中抛物线设计	单趟钻井进尺大于 1500m，机速大于 25m/h
螺杆	外径 172mm、1.5°单弯螺杆、弯矩 1.25m	中空、耐油、等壁厚，适应排量不低于 38L/s	橡胶耐温 150℃，连续工作不小于 200h
随钻测量仪器	外径 172mm	电阻率、自然伽马测量，适应排量不低于 38L/s	耐温不小于 150℃，连续工作不小于 200h

2.3 钻具组合优化

为保障造斜段定向造斜率，提高水平段复合钻比例，开展了钻具刚度和螺杆扶正器对定向及稳斜效果的计算分析[5]。通过调整加重钻杆数量，优化螺杆扶正器类型和外径尺寸，固化了三开稳平钻具结合，将加重钻杆由 3 柱调整为 5 柱，改螺旋类螺杆扶正器为直棱螺杆扶正器，采用 1.5°单弯螺杆，并作为三开施工标准钻具组合（表 6），有效兼顾了造斜段和水平段施工需求[6-7]。3 号试验区平均水平段复合比达到 93% 以上（图 11）。

表 6　中深层水平井三开钻具组合参数表

施工井段及效果	钻具组合及施工能力
造斜段+水平段	6 刀翼 PDC+1.5°单弯螺杆（下扶 210mm+上扶 212/210mm）+LWD+5 柱加重钻杆+127mm 斜坡钻杆
造斜段效果	最大造斜率为 9.0°/30m，滑动进尺比例为 50%~60%
水平段复合稳平效果	井斜角变化率为 0.2°/30m，方位角变化率为 0.2°/60m

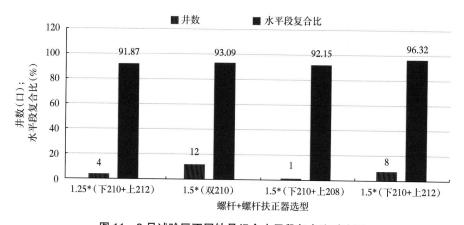

图 11　3 号试验区不同钻具组合水平段复合比对比图

2.4 井眼清洁工艺技术

2.4.1 "三大两高" 钻井参数

开展理论模拟计算，以直径 127mm 钻杆、直径 215.9mm 井眼为例，分析不同转速下所需最小排量和岩屑床厚度（图 12、图 13），明确了合理钻井参数区间[8]。当机械钻速为 25m/h、转速为 80r/min、排量为 34L/s 时，岩屑床厚度为 1.8mm；排量大于 38L/s 时，井壁冲刷力增加 22%，对井壁损伤较大；钻压在 10t 以内时，钻具无弯曲发生；钻

压为 10~14t 时，正弦屈曲；当钻压达到 16t，钻具发生螺旋屈曲，涡动速度可达 500r/min 以上，

井壁受到瞬时侧向应力最高达 800MPa，岩石容易沿弱面发生破坏。

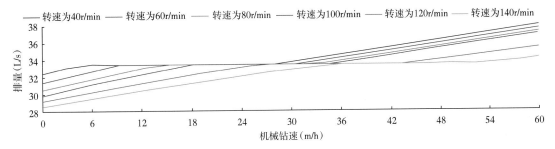

图 12　不同钻速所需最小排量曲线图

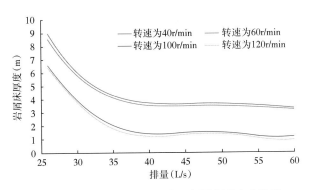

图 13　不同排量、转速条件下岩屑床厚度曲线图

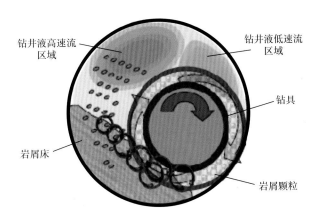

图 14　钻杆旋转"黏性耦合"清洁岩屑床示意图

结合实钻情况，对中深层水平井钻井参数进行优化，制定了中深层水平井"三大两高"钻井参数（表 7），实现提速的同时，完全满足了井眼清洁需求。

表 7　中深层水平井钻井参数表

钻井参数	优化前	优化后
钻压（t）	8~14	80~140
扭矩（kN·m）	15~20	15~35
排量（L/s）	28~32	34~38
顶驱转速（r/min）	45~80	顶驱 60~80+螺杆
泵压（MPa）	18~22	25~35

当转速大于 120r/min，钻杆进一步朝右侧偏离，黏性耦合区域增加到覆盖钻杆接头外径，流体不再以层流形式通过，湍流开始形成（图 14）。

2.4.2 配套工艺措施

通过优化钻井液性能、配套工程措施、提升固控效果，提高了携岩效率和返砂效果，使井眼得到充分净化。

（1）提升钻井液携岩性能。三开 φ6 转读数调整到 8 以上，着陆前提高至 10 左右并维持，动塑比在 0.3~0.5 之间，HTHP 小于 3mL。

（2）工程措施。大排量、高转速，环空返速达到 1.2m/s 以上，充分扰动钻井液，改善流态，根据岩屑返出量及形态调整循环划眼次数及时间（图 15）。同时取消短起下钻工艺，减少钻具碰撞井壁带来的剥落及沉砂。

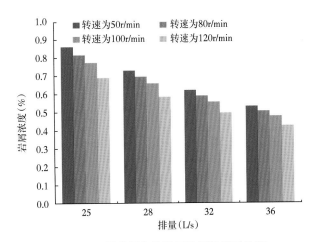

图 15　不同排量和转速下岩屑浓度对比图

（3）四级固控。振动筛、除砂、除泥、离心机四级固控有效清除无用固相，保持钻井液性能

稳定。振动筛筛出较大粒径岩屑后，其余三级依次清除粒径 2~250μm 的固相。

3 现场应用

在 3 号试验区 18 口井进行了试验性应用，其中 8 口井三开实现一趟钻，占比为 44.4%，无复杂情况、无事故。三开平均进尺 3224m，平均钻井周期为 9.61d（实现了 10d 以内目标），最长一趟钻进尺 3334m，试验取得了初步成功。

螺杆和随钻测量仪器最长连续稳定工作时间达到 268h，有力保障了三开一趟钻的实现，完钻起下钻未发生阻卡现象，井眼清洁程度满足了现场施工需求。三开井段平均机速达到 26.47m/h，处于较高水平（表 8）。

表 8　中深层水平井 3 号试验区三开一趟钻数据表

井　号	井　深 （m）	单趟钻进尺 （m）	造斜段进尺 （m）	造斜段周期 （d）	水平段进尺 （m）	水平段周期 （d）	三开周期 （d）	三开机速 （m/h）
古 3-A-1	5288	3223	535	2.74	2598	6.25	9.42	27.24
古 3-B-2	5230	3201	601	3.00	2530	5.98	8.60	28.09
古 3-C-2	5178	3164	588	3.79	2538	7.56	11.35	21.09
古 3-D-3	5250	3198	564	2.16	2540	5.65	8.04	28.97
古 3-E-2	5180	3173	587	2.23	2565	6.32	8.55	29.38
古 3-F-3	5399	3334	618	2.33	2569	7.13	9.81	28.34
古 3-G-2	5318	3294	565	2.96	2598	7.01	10.14	24.77
古 3-H-1	5243	3206	588	3.03	2543	7.68	10.94	23.84
平均	5261	3224	581	2.78	2560	6.70	9.61	26.47

4 结　论

（1）钻井液侵入孔缝造成页岩内聚力降低是引发井壁失稳的主要诱因。在力学支撑基础上，加强化学封堵才能有效抑制泥页岩的水化分散，从而实现井壁稳定。

（2）以螺杆+LWD 为主体的施工模式能够满足 2500m 以内水平段优快钻井需求，突破了长水平段水平井以旋导施工为主的提速理念，取消短起下钻工艺在提高施工效率的同时并未对井眼造成不利影响。目前国产钻头和螺杆能够满足一趟钻需求，高稳定性、长寿命 LWD 仍需依赖国外产品。

（3）在青山口组，6 刀翼 PDC 钻头较好地兼顾了造斜段和水平段不同的施工需求，仍然可以获得较高的机械钻速。

（4）"三大两高"钻井参数的应用，丰富了井眼清洁技术手段，颠覆了大参数增加井下风险的传统认识，具有很好的推广应用前景。

参考文献

［1］ 张家希，于家庆，Roman Galchenko，等．北美非常规油气超长水平井优快钻井技术及实例分析［J］．钻探工程，2021，48（8）：1-11.

［2］ 史配铭，薛让平，王学枫，等．苏里格气田致密气藏水平井优快钻井技术［J］．石油钻探技术，2020，48（5）：27-33.

［3］ 翟羽佳，汪志明，张同义．充气欠平衡钻井水平段环空岩屑运移规律实验研究［J］．科学技术与工程，2016（19）：63-71.

［4］ 赵晗，戴昆，晏琰，等．页岩气油基钻井液井壁稳定技术研究［J］．化学与生物工程，2022，39（3）：60-63.

［5］ 薛迪，刘婷．页岩气水平井井眼轨道优化与控制技术研究［J］．石化技术，2016，23（9）：109.

［6］ 李继丰，吴广民，于晓杰．水平井关键地质点确定技术的研究及应用［G］//大庆油田有限责任公司采油工程研究院．采油工程 2011 年第 1 辑．北京：石油工业出版社，2011：42-45.

［7］ 王洪英．三维绕障水平井轨道设计方法在大庆油田的应用［G］//大庆油田有限责任公司采油工程研究院．采油工程 2012 年第 2 辑．北京：石油工业出版社，2012：36-38.

［8］ 张书宁．水平井钻井参数与工艺技术的优化［J］．化学工程与装备，2020（10）：81-82.

AKM油田U-III层剩余油挖潜及配套技术研究

杨宝泉，李　琦，邓贤文，朱　磊，高　甲

（大庆油田有限责任公司采油工艺研究院）

摘　要：针对AKM油田主力产层U-III层沉积环境及岩性复杂、储层非均质严重、注水开发后含水率上升快、水淹严重、剩余油挖潜难度大等问题，在测井资料和生产开发数据分析的基础上，对U-III层非均质性、水淹及剩余油分布特征进行了研究，并提出调整策略；对AKM油田高温高盐的储层特征，开展了配套堵水剂和络合型酸化解堵剂研究。研究表明，U-III层剩余油以顶部剩余油为主，其次是井网控制程度低和注采不完善形成的剩余油；堵水剂封堵岩心后，岩心突破压力高于12MPa，岩心封堵率在97%以上；酸化解堵剂对高含钙岩心和钻井液、机械杂质等堵塞物均具有很强的溶蚀能力，岩心物模实验，渗透率提高率达到93.4%，酸化作用明显。制定剩余油挖潜综合调整策略，开展了5口井现场试验，措施后平均单井日产液量由122.7t下降为109.3t，平均单井日产油量由32.3t增加为72.3t，综合含水率由73.7%下降为33.9%，增油降水效果明显。

关键词：剩余油挖潜；非均质性；高温高盐；增油降水；水淹

AKM油田最主要产油层是U-III层，年产油量占中部油田总产量的74%。该油田于1996年10月投产，2002年3月开始注水，截至2021年底，该油田日产油量为4447t，综合含水率为38.9%，地质储量采出程度为59.5%，可采储量采出程度为70.4%。

目前AKM油田开发中主要存在以下问题：一是地层压力低、采油井见水后含水率上升快、产量递减快，现面临提高地层压力和控制含水率双重矛盾[1-4]。2015年以前投产的老井含水率已上升至50%以上，产量递减超过30%。二是U-III层下部水淹严重，底部水淹井数已达到水淹总井数的70%以上。三是U-III层增产措施潜力小，控制产量递减难度增大。针对以上问题，开展了U-III层剩余油挖潜及配套采油工程技术研究，以此减缓U-III层的含水率上升情况和产量递减速度，从而改善油田开发效果。

1 非均质性研究

U-III层共发育U-IIIa和U-IIIT两个小层，均为构造油藏。其中U-IIIa小层为湖相沉积，发育湖相碳酸盐岩（石灰岩、砂质灰岩）和灰质砂岩，其岩性主要为石灰岩和夹在其间的灰质砂岩，含少量的砾石；U-IIIT小层为波浪型滨岸砂沉积，其岩性主要为砂岩，个别井可见砾石夹层。砂岩的泥质含量低，主要泥质矿物为高岭石，偶见伊利石，不发育绿泥石和蒙皂石。

1.1 U-IIIa小层内灰质砂岩与石灰岩可分性

AKM油田大多数井U-IIIa小层具有双层结构，即由上部石灰岩和下部灰质砂岩组成。上部石灰岩层不含油，下部的灰质砂岩是储层，且广泛发育。如取心井330井的U-IIIa小层，上部为石灰岩，下部为灰质砂岩，岩心显示：（1）1833.9~1834.07m（0.17m）为浅灰色细砂质石灰岩，物性较差，测井曲线GR值较下部U-IIIT单元GR值

第一作者简介：杨宝泉，1970年生，男，高级工程师，现主要从事采油工程技术及方案研究工作。

邮箱：yangbaoquan@petrochina.com.cn。

低。（2）1835.5～1837.25m（1.75m）为灰质胶结砂岩，浅灰色，碳酸质胶结，约 40%～50% 的取心段含裂缝，物性较好，为产油层，测井曲线 GR 值较下部 U-ⅢT 单元 GR 值高。

1.2 平面非均质性

　　U-Ⅲa 小层碳酸盐岩平面分布范围广，但岩层厚度较小；下部灰质砂岩主要发育在东部和中间区域，储层厚度大，北穹隆灰质砂岩薄，厚度多小于 3.0m（图 1）。U-Ⅲa 小层整体渗透率较低，一般在 200mD 以下（图 2），西部渗透率高于东部。

　　U-ⅢT 小层以砂砾岩沉积为主，储层的物性好。U-ⅢT 小层沉积时期，具备了缓坡浅水最有利的滨岸砂岩沉积条件。出露地表接受风化侵蚀，风化物残留地表，当古隆起再次沉降接受沉积，残积物受到湖水的改造作用形成了沿古隆起分布的湖侵砂岩。古构造高点处厚度较薄（多小于 5m），随着远离古构造高点，砂岩厚度增加，砂岩厚度多大于 15m（图 3）。U-ⅢT 小层渗透率较高，构造高部位在 1000mD 以上，北穹隆渗透率高于南穹隆。总体看，U-ⅢT 小层的渗透率非均质程度比 U-Ⅲa 小层弱。U-ⅢT 小层渗透率在 2600mD 以下的厚度占 70%（图 4）。

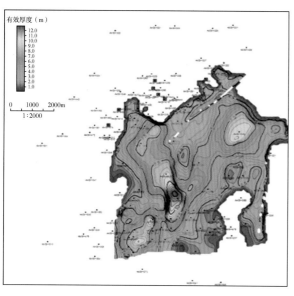

图 1　U-Ⅲa 小层有效厚度分布图

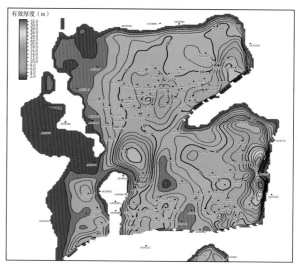

图 3　U-ⅢT 小层有效厚度分布图

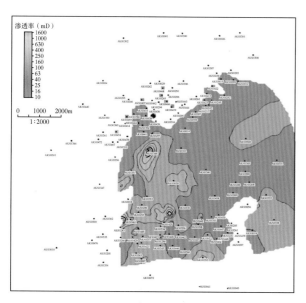

图 2　U-Ⅲa 小层渗透率分布图

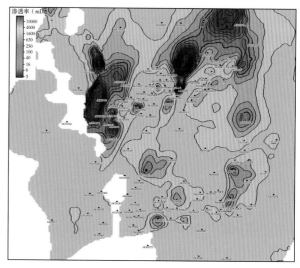

图 4　U-ⅢT 小层渗透率分布图

1.3 层内非均质性

从 U-Ⅲ层渗透率剖面图可看出，下部 U-ⅢT 小层的渗透率明显高于上部 U-Ⅲa 小层的渗透率。U-ⅢT 小层的渗透率一般在 1000mD 以上，U-Ⅲa 小层渗透率一般在 200mD 以下。

U-Ⅲa 小层与 U-ⅢT 小层之间不发育泥页岩，为垂向连通型，随着向东远离基底，泥页岩的厚度逐渐增加，连通性变差。

2 水淹特征和剩余油分布

2.1 水淹特征

由于高含水层堵水和关井，U-Ⅲ层开井采油井含水率较低。含水率小于 20% 的井仅占 31.4%，单采 U-Ⅲa 小层的采油井含水率大于 60% 的占 46.2%；整体上，水淹严重，部分井的 U-Ⅲa 小层投产即见水。U-ⅢT 小层采取边外注水，由于储层物性好，靠近边水和注水井的区域含水率较高，东部水淹严重，西部水淹程度轻。

2.2 剩余油分布特征

从 U-Ⅲa 小层含油饱和度及剩余油分布看，西部连通区含水饱和度高，水淹严重（图5）；南穹隆东部不连通区含水率低，水淹程度轻。U-Ⅲa 小层由于只有一口井（19H 井）注水，地层压力低，剩余油主要分布在南穹隆中部不连通区的低含水井区，西部剩余油饱和度高的井区现有井已经基本控制住，剩余潜力小。

从 U-ⅢT 小层含油饱和度及剩余油分布看，北穹隆东部水淹严重，西部离边水和注水井较远，区域水淹程度轻。南穹隆水淹严重，大面积水淹（图6）。

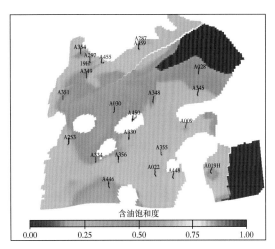

图5　U-Ⅲa 小层含油饱和度分布图

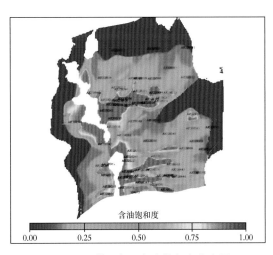

图6　U-ⅢT 小层含油饱和度分布图

3 调整对策及配套技术

在剩余油分布及配套采油技术研究的基础上，提出了 AKM 油田 U-Ⅲ层调整对策，并开展了配套技术研究。

3.1 综合调整对策

根据 U-Ⅲ层的开发状况、存在问题和剩余油分布，制定了如下综合调整对策（表1）。

表1　U-Ⅲ层调整对策表

存在问题	调整对策	措施
注采系统不完善、注采比低，造成地层压力低	完善注采系统，提高注采比	采油井转注、注水井分注、补孔后分注
厚油层顶部油层动用程度低，个别井区井距大	补孔，调整注采剖面，增产增注或钻新井	补孔（其他层系的低产井堵后补开 U-Ⅲ层）、钻新井、堵水调剖、酸化等

一是针对注采系统不完善、注采比低造成地层压力低的问题，通过采油井转注、注水井分注和补孔后分注，完善注采系统，提高注采比，恢复地层压力。

二是针对厚油层顶部油层动用程度低，以及个别井区井距大的问题，通过补孔（其他层系的低产井堵后补开 U-Ⅲ 层）、钻新井、堵水调剖和酸化等措施挖潜剩余油。

3.2 配套技术

根据调整策略，针对注采比和地层压力低的储层，研究了抗盐型高温堵水剂。同时针对中上部动用程度低的储层，开展络合型含钙砂岩酸化解堵剂研究。

3.2.1 抗盐型高温堵水剂

U-Ⅲ 层温度高、矿化度大，属高温、高矿化度储层，因此研究了抗盐型高温堵水剂。

堵水剂以改性聚酰胺为主剂，通过主剂与固化剂及功能性增强剂体系的协同作用，加强堵水剂体系立体网状结构，保证了堵水剂体系在高温、高矿化度环境下的堵水强度[5-7]。

实验表明，堵水剂岩心突破压力高于 12MPa，岩心封堵率在 97% 以上，可满足现场的堵水需要（表 2）。

表 2 高温抗盐型堵水剂体系性能评价表

岩心编号	渗透率（mD）		实验温度（℃）	注入压力（MPa）	突破压力（MPa）	封堵率（%）
	封堵前	封堵后				
1	4352	98	50	1.2	12.6	97.7
2	1357	26		1.9	14.0	98.1
3	4278	102	70	1.2	12.6	97.6
4	1382	36		1.9	13.9	97.4
5	4629	135	90	1.2	12.5	97.1
6	1213	34		1.9	13.9	97.2

注：矿化度为 100000mg/L。

3.2.2 络合型酸化解堵剂

U-Ⅲ 层储层钙质含量高，常规土酸酸岩反应快、有效半径小，且易产生氟化钙沉淀，酸化效果差。针对该油田高含钙特点，开展了络合型酸化解堵剂研究。

络合型酸化解堵剂由主酸、钙离子络合剂和其他添加剂组成。主酸由盐酸和复合酸组成，利用复合酸代替土酸中的氢氟酸，通过缓慢电离，降低氢氟酸释放和反应速度，并保持酸液活性，从而抑制氟化钙等沉淀的产生。钙离子络合剂由烷基胺和羟丙基磺酸组成，可有效提高酸液络合钙离子的性能。酸液添加剂使酸液具有较好的缓蚀、分散和助排性能，提高了酸化解堵剂的协同作用和酸化效果[8-10]。

实验表明，络合型酸化解堵剂对高含钙岩心和钻井液、机械杂质等堵塞物均具有很强的溶蚀能力，酸液体系的界面张力低、破乳率高、易返排，岩心渗透率提高率达到 93.4%，酸化作用明显，渗透率改善效果优于常规酸化解堵剂（表 3）。

表 3 络合型酸化解堵剂综合性能表

配方	钻井液溶蚀率（g/L）	机械杂质溶蚀率（%）	岩心溶蚀率（%）	渗透率提高率（%）	界面张力（mN/m）	破乳率（%）	腐蚀速率[g/(m²·h)]
常规稠化酸	4.03	52	15.8	42.7	23.3	30min90%	3.890
自转向酸	8.22	90	30.6	93.4	15.6	10min100%	1.568

4 现场实施效果

2019 年以来对 5 口井开展了综合调整措施，主要是挖潜厚油层顶部剩余油，对下部高含水层进行封堵。其中，可对比效果的 3 口井（AKM436 井、AKM442 井、AKM349 井），措施后平均单井日产液量由 122.7t 下降为 109.3t，平均单井日产油量由 32.3t 增加为 72.3t，综合含水率由 73.7% 下降为 33.9%，增油降水效果明显（表 4）。

表 4　U-Ⅲ层综合调整实施效果表

井　号	措施类别	层　位	措施前			措施后			备　注
			日产液量（t）	日产油量（t）	含水率（%）	日产液量（t）	日产油量（t）	含水率（%）	
AKM436	补孔、堵水	U-ⅢT	180	50	72.2	133	110	17.3	
AKM442	补孔、堵水	U-ⅢT	90	20	77.8	95	53	44.2	
AKM474	射孔、堵水	U-Ⅲa U-ⅢT				93	56	39.8	新井投产
AKM476	射孔	U-ⅢT				27	22	18.5	新井投产
AKM349	补孔、酸化	U-ⅢT	98	27	72.4	100	54	46.0	

5 结　论

（1）AKM 油田主力产油层（U-Ⅲ层）沉积环境及岩性复杂，储层非均质严重，注水后含水率上升快，水淹严重，剩余油挖潜难度大。

（2）U-Ⅲa 小层由上部石灰岩和下部灰质砂岩组成。U-Ⅲa 小层非均质性强，U-ⅢT 小层非均质性相对较弱。U-Ⅲ层剩余油以顶部剩余油为主，其次是井网控制程度低和注采不完善形成的剩余油。

（3）开展 U-Ⅲ层剩余油挖潜配套采油技术研究，形成适合高温高盐条件的堵水剂和络合型酸化解堵剂。

（4）制定了剩余油挖潜综合调整策略，并开展 5 口井现场试验，取得了显著的增油降水效果。

（5）下一步建议针对该油田非均质性储层特征，探讨注采井同步调堵技术，进一步提升油田整体开发效果。

参考文献

［1］胡晓庆，范廷恩，王晖，等 . 厚层复杂岩性油藏的储层精细表征及对开发的影响：以渤海湾石臼坨地区 A 油田沙一、沙二段油藏为例［J］. 石油与天然气地质，2015，36（5）：836-841.

［2］田小川，邓爱居，蒋涛，等 . 边底水驱高含水厚油层剩余油分布特征及挖潜实践［J］. 油气井测试，2013，22（6）：39-42.

［3］胡丹丹，唐玮，常毓文，等 . 厚油层层内夹层对剩余油的影响研究［J］. 特种油气藏，2009，16（3）：49-52.

［4］陈伊建，王峥，唐立忠，等 . 综合增产增注工艺技术研究：调堵技术研究现状［J］. 中国化工贸易，2016，8（3）：221.

［5］雷达 . 一种新型交联剂体系的评价及应用［G］// 大庆油田有限责任公司采油工程研究院 . 采油工程 2013 年第 4 辑 . 北京：石油工业出版社，2013：15-19.

［6］蔻显明，李治平，赵碧华 . 高温高盐油藏有效开发技术探讨［J］. 油气井测试，2011，20（4）：10-13.

［7］陈芳，刘龙达，盛建宇，等 . 改性长效体膨颗粒调剖剂的性能评价与应用［G］// 大庆油田有限责任公司采油工程研究院 . 采油工程 2013 年第 3 辑 . 北京：石油工业出版社，2013：36-40.

［8］李侠清，齐宁，杨菲菲，等 . VES 自转向酸体系研究进展［J］. 油田化学，2013，30（4）：630-634.

［9］王云云，杨彬，张镇，等 . 自转向酸用缓蚀剂的研究与应用［J］. 钻井液与完井液，2017，34（5）：96-99.

［10］王艳丽 . 新型高性能转向酸的制备及性能评价［J］. 钻井液与完井液，2016，33（6）：111-115.

双碳目标下新能源配套工程技术发展及研究

张殿旭，冯　立，金东明，樊文钢，张　闯

（大庆油田有限责任公司采油工艺研究院）

摘　要： 在能源转型大背景下，采油工程系统如何助推油田公司绿色低碳发展，对"碳达峰、碳中和"及应对全球气候变化问题和实现社会经济可持续发展具有重要意义。在通过文献法收集资料了解油气行业情况后，利用战略分析中的对标工具，探索 CCUS、地热能、UCG、绿色能源利用四大新业务领域，明晰各领域存在的技术难题、现有配套工程技术存在差距，针对性地提出了未来发展定位及目标。经分析研究，建议采油工程系统应强化顶层统筹引领、加快采油工程与新能源融合发展、加大基础与储备技术研究投入、加速知识产权成果申报、加强开放合作与研发平台建设、加大管理模式创新，打造新能源全技术链产业链，推动"油、气、新能源"产业链技术链双向融合，实现多维度发展。

关键词： 采油工程；新能源；配套工程；CCUS；地热能；UCG

在能源低碳转型发展的大趋势下，各油公司纷纷制定了相应的转型发展战略，加大了新能源和可再生能源业务的投入，积极开发太阳能、风能、地热能、氢能和生物燃料等，大力实施节能减排和提质增效，推动油田绿色可持续发展。石油天然气工业绿色低碳实践正在蓬勃开展，而行业内相关新能源配套工程技术发展还不完善，采油工程系统与新能源的结合才刚起步，对石油天然气工业能源转型发展的基础性作用还未充分发挥[1]。因此明确采油工程系统在实现碳达峰、碳中和目标不同阶段的角色定位，适时适度发挥其独特优势，对于油田公司实现绿色低碳高质量发展及碳达峰、碳中和目标具有重要意义[2]。

1 国内外石油公司能源业务发展现状

1.1 国外石油公司能源业务发展现状

随着俄乌冲突及欧洲抵制俄罗斯的石油和天然气能源进口，全球油气市场迎来剧烈调整，结构性的供应持续紧张，加上全球能源绿色转型大趋势，国际石油巨头纷纷加码新能源布局，在LNG 领域、电力和可再生能源领域大展拳脚。道达尔能源公司 2022 年花费近 38 亿美元投资可再生能源和电力项目。壳牌正逐步扩大投资或收购风能和太阳能领域、化石气体中提取的蓝色氢气、可再生能源驱动的绿色氢气等项目。英国石油公司（bp）每年在低碳领域投资约 50 亿美元，专做可再生能源、生物能源、氢能以及碳捕获、利用和封存等技术的研究，加速转向低碳能源解决方案。雪佛龙推出了自己的新能源公司，以加快氢行业的低碳业务，并抓住 CCUS（碳捕获、利用与封存）业务及新出现的机遇，支持雪佛龙继续专注于生物燃料。埃克森美孚将林业和木质建筑垃圾转化为低排放的生物燃料和生物燃料组分，并建一座制氢厂及世界上最大的碳捕获和储存（CCS）的设施，同时在澳大利亚吉普斯兰盆地海上枯竭油田储碳。

1.2 国内石油公司能源业务发展现状

中国石油提出"打造原油、天然气、新能源三条产业价值链"，首次将新能源业务提升到与油气业务同样的高度，明确"清洁替代、战略接替、绿

第一作者简介：张殿旭，1984 年生，女，高级工程师，现主要从事油田规划编制工作。

邮箱：zhangdianxu@ petrochina.com.cn。

色转型"三步走总体部署，力争到 2050 年公司新能源总量达到 $2×10^8t$ 油当量。二次能源布局以地热、可燃冰、生物质能、氢能、铀矿等领域技术研究利用为主，形成以油气为主、多能互补的绿色发展增长极。中国石化加速构建"一基两翼三新"的发展格局，积极发展新能源、新材料，包括开展氢能、干热岩、清洁煤化、CCUS 产业链稳链固链、洁净能源、高端化学品、氢能基础设施建设、氢能科技研发、修建氢气管道、探索布局液氢产业。

中国海油是探索能源转型的先行者，也是发展清洁能源的领跑者，分别在山东威海、渤海湾、上海、北京等地投资海上风电、电动汽车能源供给网络、电动汽车动力电池、CCUS 科技攻关、氢能等项目，到 2025 年，目标获取海上风电资源为 $(500～1000)×10^4kW$、装机 $150×10^4kW$、获取陆上风光资源 $500×10^4kW$、投产 $(50～100)×10^4kW$[3-4]。

1.3 大庆油田能源业务发展现状

大庆油田地处敖古拉风口，地势开阔平坦，风能、太阳能资源较为充足。松辽盆地北部发育姚家组，青山口组二段、三段及泉头组三段、四段中浅层砂岩型热储层，初步估算地热水资源量达 $6518×10^8m^3$，折合标准煤为 $9.35×10^8t$。目前，大庆油田公司利用油田采出的热水实施热泵改造项目 20 余项，年替代标准煤达 $1.5×10^4t$ 以上，在构建资源节约型社会中发挥积极作用。松辽盆地北部干热岩地热资源储量非常丰富，开发潜力巨大。海拉尔盆地煤储量达 $3123×10^8t$，以低煤阶的气煤—焦煤为主，埋深一般为 $1000～2400m$，煤炭的成熟度和埋深适合煤炭地下气化开发动用。松辽盆地北部具有一定规模砂岩型铀远景资源量，已在盆地北部长垣南端发现了中型矿床；加大勘探力度，有望发现特大型铀矿床，成为产业转型的新兴资源保障。

为更好助推油田新能源业务发展，采油工程系统积极响应，在 CCUS、地热能、UCG、绿色能源利用四大领域进行了配套工程研究。

CCUS 配套工程方面已攻关完善注采剖面调整、高效生产、增产解堵等工程技术，有效支撑示范区建设。

地热工程配套方面，主要是针对不同地热资源，通过老井压裂、新钻 U 型井方式，建立循环换热通道，实现有效利用。

UCG 工程配套方面，初步完成了煤炭地下气化配套注采控工程技术网络调研，包括气化剂研制及随程控制技术、可控后退燃烧技术、气化运行控制等技术。

风光新型电力系统利用配套工程方面，目前大庆油田间抽运行井 12975 口，智能间抽技术可通过自动识别采油井动液面变化制定合理开关井制度，结合光伏智能直驱技术将发电量"电尽其用"，以确保采油井产量和效益优先[5]。

2 新能源配套工程技术对标分析

按照油田公司新能源"2025 年建成基地、2030 年实现产业化、2035 年战略接替"的战略部署，结合采油工程系统实际，从 CCUS、地热能、UCG、绿色能源利用四大领域进行工程技术配套研究。

2.1 CCUS 配套工程技术对标分析

根据国内外 CCUS 配套工程技术对标分析（表 1），明晰了 CCUS—EOR 相关配套工程技术在技术适应性差、工艺成本高、技术体系不完善等方面存在差距。

表 1　CCUS 配套工程技术对标分析表

技术分类	大庆油田	国内油田	国外油田	对标结果
注气工艺技术	双管两层分层注气工艺；单管 2～3 层分层注气工艺，并配套测调工艺技术	吉林油田开展 2 口井双管分注试验及双管两段分注试验	未见 CO_2 分注相关报道	国内外均领跑
腐蚀防护技术	研发了双环咪唑啉类缓蚀剂和加药工艺，井下工具采用防腐材质。大庆油田研制的 CO_2 缓蚀剂不适用于 H_2S+CO_2 共存下的腐蚀	国内缓蚀剂、阻垢剂为两种药剂。吉林油田采用咪唑啉类缓蚀剂，双管井内管采用防腐油管	国外采用防腐材质、现场橇装加注阻垢剂，多采用玻璃钢等物理防腐管材	国内外均并跑

续表

技术分类	大庆油田	国内油田	国外油田	对标结果
高气液比举升工艺	采取防气泵、气液分离装置单独应用或组合应用	控套阀、防气泵、分离器单项应用或组合应用	未见相关报道	国内外均并跑
封堵封窜技术	研发了 4 套封窜体系，封堵率为 98%，形成了气液混注封窜工艺	吉林油田采用水气交替方式，研发了封堵型、全液体型和洗油型的泡沫封窜体系；长庆油田主要采用空气泡沫驱替延缓气窜	主要应用水气交替或泡沫驱替开发，气窜后一般不采取措施进行封井	国内并跑，国外领跑
压井技术	研发了 $1.0\sim2.3g/cm^3$ 的无固相压井液；研发了胶塞暂堵剂，初始黏度小于10mPa·s，结合低密度压井液或清水压井，降低压井作业成本	吉林油田、中原油田、胜利油田注气井利用带压作业进行施工；压井液常用密度在 $1.0\sim1.6g/cm^3$ 之间	国外压井技术主要应用钻井液重晶石类、甲酸盐类、水基钻井液；高压井现场作业采取带压作业方式	国内外均领跑
井筒安全风险评价技术	井径采用四十臂井径测井；套管壁厚采用电磁测厚、探伤测井；固井质量采用八扇区水泥胶结和声波变密度、超声成像测井	井径采用四十臂井径测井；套管壁厚主要采用电磁测厚和电磁探伤测井；固井质量主要采用八扇区水泥胶结和声波变密度测井	未见相关报道	国内外均并跑
解冻堵技术	物理法：采用连续油管解堵；化学法：研发了 CO_2 水合物解冻堵剂，配套研发多脉冲高压渗透解堵工艺，现场平均解冻堵周期为 15d	天然气井的 CO_2 水合物冻堵化学法采用甲醇浸泡解堵，CO_2 驱物理法采用连续油管技术通井解堵	未报道井下冻堵现象及解冻堵技术	国内外均领跑

2.2 地热能配套工程技术对标分析

根据国内外地热利用技术对标分析（表 2），明晰了在地热能配套工程干热岩技术领域空缺、废弃井利用难、地热水回灌质量差、取热不取水效率低等方面存在差距。

表 2　地热配套工程技术对标分析表

技术分类	大庆油田	国内油田	国外油田	对标结果
增强型地热系统（简称 EGS）技术	攻关形成干热岩高温滑溜水压裂液体系，自主研制超高温高压全金属封隔器，开展干热岩基础理论研究	国内前期投入较少，主要资助开展学术交流、探索研究，并未形成国家层面的干热岩技术研发基地和装备条件	美国、英国、法国、德国、瑞士、日本、澳大利亚已有 30 年以上开发历史，技术已经成熟，设备配套完善	国内并跑，国外跟跑
废弃井改造技术	在废弃井使用同轴换热管柱，实现循环换热	辽河油田通过升级定点取套、衬筛管防砂等修井技术，将废弃井改造为地热井	国外废弃井地热能开发研究主要集中于利用 EGS 进行取热	国内外均跟跑
地热水回灌技术	已开展相关技术研究，主要应用于浅层地热井	辽河油田同层回灌技术、深层地热井输工艺；华北油田密闭全灌采热技术、潜山低耗开采技术；天津、北京、陕西等城市开展深部对井和多井原水加压、自然采灌或集中回灌，冀东油田形成了一套地热供暖优化开采方案	新西兰的布兰德兰兹地热田"对井加压封闭式回灌"技术；法国建立相应的回灌数学模型，具有一套完整的采-灌系统工艺和先进的回灌技术；冰岛地热田示踪回灌技术	国内外均跟跑
取热不取水技术	已开展 U 型井、人工造缝和单井闭式换热 3 项取热不取水试验，建立岩藏型换热模式，制定合理的经济界限	长庆油田采用中深层套管式换热技术，从深部地层提取热源，实现"取热不取水"	1995 年由 Kohlt 提出同轴换热技术，德国到 2012 年已有 9 个集中供热站	国内并跑，国外跟跑

2.3 UCG 配套工程技术对标分析

纵观国内外 UCG 技术发展情况（表 3），总体呈现：一是由浅层向深层发展，降低潜在环保风险，利用深层高气化压力大幅提高粗煤气甲烷含量。二是完善气化炉建造及气化导控工艺，提高技术普适性，推进规模化应用[6]。

表 3　UCG 配套工程技术对标分析表

技术分类	大庆油田	国内油田	国外油田	对标结果
地质与物探综合评价技术	处于调研阶段，已取得初步认识并做了下步规划部署	中国石油 BGP 拥有自主知识产权的地震地质一体化综合研究平台；中国石化在地震成像、储层预测、微地震等关键技术方面实现重要突破	澳大利亚航空物探测量系统，获得测区的网格化调平的地形图像；国内外的资料显示，地震方法，特别是高分辨率地震反射法、电阻率法和一些放射性方法等可用于矿山开采中的地下废弃巷道、硐室等洞穴的探测，并且取得了较好的实际效果	国内外均跟跑
超高温井筒完整性控制技术	处于调研阶段，已取得初步认识并做了下步规划部署	国内部分大学实验室已开始研究，并未有相应成果	国外已经研发成功耐 350℃ 高温的 UCG 气化炉完整性技术控制及配套工具；加拿大合成燃料公司已试验应用超高温井筒完整性控制技术，建造 1 口 U 型气化炉	国内并跑，国外跟跑
深层煤矿井下点火燃烧技术	处于调研阶段，已取得初步认识并做了下步规划部署	国内浅层 UCG 多用燃烧的焦炭或燃烧弹进行点火。化学点火技术正在研究探索，800m 以上 UCG 点火无应用实例。中国石油工程技术研究院江汉机械研究所开展了复杂环境连续油管作业、点火设备等重大装置的研制和最高背压 8MPa 地面点火实验，但针对海拉尔盆地煤层 10MPa 以上背压还未开展点火控制试验	国外处在先导试验阶段，仅加拿大在 800m 以上 UCG 点火项目获成功应用	国内外均跟跑

2.4 绿色能源利用配套工程技术对标分析

国内外风光新型电力系统利用技术对标分析如表 4 所示，明晰了风光新型电力系统利用配套工程在变工况采油工艺终端用能与非稳态清洁电力有机融合方面存在差距。

表 4　风光新型电力系统利用配套工程技术对标分析表

技术分类	大庆油田	国内油田	国外油田	对标结果
风光电—采油工程融合技术	风光电+智能分注技术已成熟应用。已开展智能间抽、清防蜡、加药工艺研究	吉林油田与风光发电项目充分联动，中国石油也将采用"吉林模式"发展绿电融合模式	未见相关报道	国内并跑

3　新能源配套工程技术发展部署

依托国家可再生能源综合应用，大庆示范区坚持科技是第一生产力原则，从 CCUS、地热能、UCG、绿电融合等业务领域出发，"十四五"末，构建多领域技术体系；"十五五"末，打造新能源全技术链产业链，推动"油、气、新能源"产业链技术链双向融合；"十六五"末，打造风光气储氢等新能源一体化开发工程技术，支撑油田公司新能源快速安全发展[7-8]。

3.1 CCUS 配套工程技术

为扎实做好 CCUS—EOR 配套工程技术支撑，采油工程系统以 CCUS 分层注入的引领者为己任，设专项对 CCUS 关键技术开展攻关研究，以自主研发为主。

"十四五"重点集成推广和应用二氧化碳驱 2~3 层单管分注工艺技术，攻关 4~5 层分注技术，提高管柱可靠性；集成推广二氧化碳驱抽油机井高气液比举升工艺技术；攻关 CCUS 井筒化学腐蚀防护、化学控气窜工艺、二氧化碳水合物解堵技术、二氧化碳驱无固相压井工艺等技术，形成系列油田化学配套体系；开展防气举升装置结构优化与设计；攻关抽油机井高效运行技术，完善二氧化碳驱抽油机井工作制度；建立二氧化碳注入井井筒完整性评价方法；形成井筒完整性评价及泄漏治理方法，二氧化碳注入井完整性评价方法、评价结果与现场实施情况符合率为 80%。

"十五五"重点集成推广和应用 CCUS 采油工程配套技术。进一步完善高效注采、剖面调整、安全生产技术的适用性，降低成本，为 CCUS 示范区建设提供技术支撑；攻关 CCUS 智能化调整技术研究，通过构建物联网和云计算技术使整个采油工程系统智能化，提前预判并预警，保障注入和开发时率。

"十六五"重点攻关采油工程技术一体化高效埋存调整技术。形成管柱完整性治理、气体监测调整等一体化高效埋存调整技术，措施成本降低 10%；攻关二氧化碳驱注采井数智化技术。借助新材料技术的进步，完善采油工程技术工艺，实现智能化控制，保障 CCUS 示范区高效开发[9]。具体技术发展路线如图 1 所示。

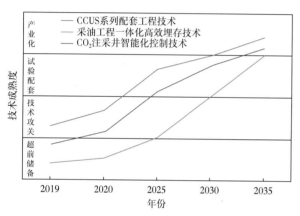

图 1　CCUS 配套工程技术发展路线图

3.2 地热能配套工程技术

为建立典型地热开发示范基地，实现地热商业化开发与利用，奠定技术研发基础与人才培养，做好地热利用工程技术的支持者，设专项对地热利用关键配套工程技术开展攻关研究，关键技术以自主研发为主，同时通过合作引进部分先进技术。

"十四五"重点开展松辽盆地北部超高温、高压干热岩储层的岩石力学、地应力测试及裂缝扩展物模实验，明确干热岩的裂缝扩展规律及影响因素；开展外围岩热型地热井定向沟通改造"油热同采"技术研究及试验，为中低温储层"循环取热"规模效益开发积累经验；开展徐深火山岩水热型地热井"采灌平衡"开发利用技术研究，形成采灌井改造、举升、回灌、防腐等配套工程技术，探索"气水同采"及"采灌平衡"先导试

验；开展超临界 CO_2 高效换热工艺技术及综合利用研究，形成传热效率更高、做功能力更强的新型清洁地热循环介质，提升地热能源利用效率。重点攻关低效长关井同轴换热工艺技术、砂岩储层地热采灌平衡工程技术，为盘活低效长关井、废弃井再利用提供技术手段。

"十五五"重点开展地热智能管控技术研究，形成一套智能管控换热工艺技术，提升能源综合利用效率，为开采的地热高效利用，提高整体经济、环保效益奠定基础；开展干热岩 EGS 体积改造工艺技术探索研究、干热岩高效采热工艺技术研究，为干热岩地热开发利用提供支撑；开展干热岩裂缝扩展数值模型及模拟优化平台自主化攻关，助力科技自立自强。

"十六五"初步实现岩热型、水热型地热资源开发利用工程技术战略的接替作用；进一步完善干热型地热资源开发利用配套工程系列技术，研究出一套适应不同地热条件、不同岩性的开发模式，并实现规模推广；探索储备中深水层储热系统改造及综合利用技术，扩展中深水层储热层地热资源利用空间；持续提升该领域行业地位，初步实现战略接替作用。地热能配套工程战略技术发展路线如图 2 所示。

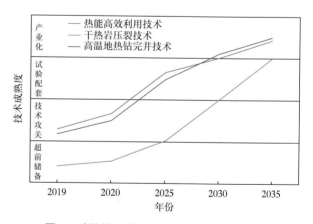

图 2　地热能配套工程战略技术发展路线图

3.3 UCG 配套工程技术

为加快中国天然气革命和推动氢工业快速发展，大庆油田采油工艺研究院争当新能源与工程技术融合的先行者，设专项对 UCG 关键技术开展攻关研究，关键技术以自主研发为主，同时通过

合作引进部分先进技术[10]。

"十四五"重点开展煤炭地下高温高压气化燃烧规律、煤炭地下气化化学反应-流体动力学变化规律研究，初步掌握煤炭地下气化燃烧动力学变化规律、不同组分气化剂对终端产品组分的影响规律；开展煤炭地下气化剂制备及随程控制技术、煤炭地下气化运行控制技术、煤炭地下气化高温高压完井工艺管柱、煤炭地下气化温度压力实时监测技术探索性研究，为"十五五"开展先导试验提前储备工程技术。

"十五五"重点攻关煤炭地下气化关键工程技术与先导试验研究，为海拉尔盆地煤炭地下气化提供工程技术支持。

"十六五"重点发展成套气化炉建造技术，解决 1000~2400m 之间气化炉建造工程技术面临的腐蚀、高温、高压等问题，形成以气化炉设计、建造、测控为核心的工程技术服务能力，为 UCG 规模化推广提供工程技术支撑，研究拓展深层 UCG 配套工程技术，形成工业应用服务能力。具体关键技术发展路线如图 3 所示。

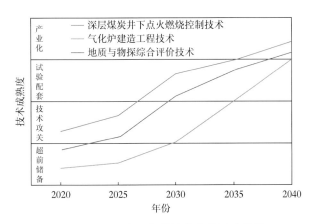

图 3　UCG 配套工程关键技术发展路线图

3.4　绿色能源利用配套工程技术

为实现节能减排绿色低碳发展，大庆油田采油工艺研究院争当风光新型电力系统的利用者，设专项对清洁能源利用关键技术开展攻关研究，关键技术以自主研发为主。

"十四五"重点集成推广和应用智能分注井清洁能源替代应用；开展风光电+智能间抽工艺技术攻关试验，形成智能运行与光伏用电的一体化控制系统。

"十五五"重点集成推广和应用风光电+智能间抽工艺技术；开展太阳能集热+热洗清蜡技术、光热+稠油热采技术攻关试验。

"十六五"提前探索储备二氧化碳驱双管分注井地面供电清洁能源替代技术、化学驱智能分注井供电系统清洁能源替代技术。关键技术发展路线如图 4 所示。

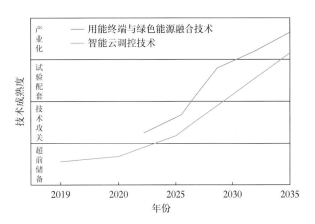

图 4　绿色能源配套工程关键技术发展路线图

4　新能源配套工程发展建议

分析结果表明，除 CCUS 处于并跑、领跑行业阶段，其余业务领域整体处于跟跑阶段。从目前发展形势来看，新能源各领域总体参与程度不深，基础研究薄弱，人员、设备等方面投入力度不大，常规管理模式与新能源业务发展还存在不适应性，因此对采油工程系统提出新的要求。经研究分析提出以下推动采油工程系统与新能源业务融合的发展建议[11-12]。

4.1　塑造广义"采油工程"概念

新能源是新领域，更是各项新业务、各个专业交集区，对于新能源要有新的思维、新的认识。新能源"工程"要打破传统采油认知边界，打破井筒空间边界，打破固有学科领域边界，主动"破圈"，主动渗透专业融合带，树立"做工皆为工程"的广泛意识和"除地层认识、地面流程管线外皆可涉及"的工作意识。要充分发挥在油气行业方案设计、压裂改造、完整性评价、工具研发、药剂研制等经验，找到更多采油工程系统发力点、切入点，才能远超同行增长的速度，实现由跟跑到并跑、领跑的转变。

4.2 加大基础研究投入

地热资源利用方面，建议重点开展中深储层地下含水层储热、热储保护技术，中低温地热发电技术，二氧化碳超临界发电、干热岩储层压裂改造、干热岩高效采热、高温压裂工具及材料等储备技术；绿电与传统工艺融合方面，开展不同介质蓄电蓄热技术、电加热利用技术；UCG 领域开发方面，建议重点开展耐高温环境井筒完整性控制技术、中深层 UCG 连续管装备材料及设计优化研究、UCG 废弃气化炉改建储气库等储备技术；其他领域建议开展低熟页岩电加热装置、铀矿井下开采、太阳能直接制氢等技术研究。

4.3 加速知识产权成果申报

建议抓紧掌握与新能源相关的标准、专利申报情况，做好知识产权保护顶层设计和申报布局，加速抢占空白区、交集区，例如新能源工程技术参数检测及评定程序、绿电与传统工艺实施规范流程及操作方法和碳排量计算方式修订、新能源相关专项补贴等，提升行业话语权。

4.4 加强开放合作与研发平台建设

自主研发的同时，需要加大开放合作力度。建议积极与北京大学等著名高校、深圳新能源研究院等科研院所对接，努力构建新能源领域创新联合体，开展相关技术合作，加速领域发展；建议寻找成熟人才或团队，积极与上级部门沟通，放宽人才引进条件，采用"兼职""季节性"等柔性引进方式，"借脑引智"，促进相关技术发展和团队建设。积极论证申报新能源试验场可行性，发挥平台聚焦效应，推动关键技术和产业前沿技术研究，努力构建协同、高效、开放的技术研发与应用体系。

5 结束语

能源供应多元化、清洁化是全球能源发展的必然趋势，能源转型已成为我国科技和新兴产业的重要战略方向。采油工程系统需快速反应融入其中，争当新能源发展油田低碳开发绿色转型的参与者、新能源与工程技术融合的先行者、CCUS 配套工程技术的引领者、风光新型电力系统的利用者、地热利用工程技术的支持者，为油田能源绿色低碳转型做好配套工程技术支撑。

参考文献

[1] 潘继平，焦中良. 面向碳达峰碳中和目标的中国油气发展战略思考 [J]. 国际石油经济，2022，30（8）：68-72.

[2] 薛明，卢明霞，张晓飞，等. 碳达峰、碳中和目标下油气行业绿色低碳发展建议 [J]. 环境保护，2021，49（增刊2）：30-32.

[3] 姜华，吴静，吕连宏. 全国各地统筹有序实现碳达峰的分析与建议 [J]. 环境保护，2022，50（5）：25-27.

[4] 刘合，梁坤，张国生，等. 碳达峰、碳中和约束下我国天然气发展策略研究 [J]. 中国工程科学，2021，23（6）：33-42.

[5] 董仕萍. "碳达峰、碳中和"与中国绿色低碳经济发展 [J]. 低碳世界，2022，12（1）：10-13.

[6] 刘文革，徐鑫，韩甲业，等. 碳中和目标下煤矿甲烷减排趋势模型及关键技术 [J]. 煤炭学报，2022，47（1）：70-81.

[7] 梁政伟，许翔麟，施晓康. 石油企业上游业务开展"碳经济评价"降低碳排放强度的探讨 [J]. 中国能源，2021，43（12）：56-59.

[8] 黄震，谢晓敏，张庭婷. "双碳"背景下我国中长期能源需求预测与转型路径研究 [J]. 中国工程科学，2022，24（6）：4-8.

[9] 邢力仁，武正弯，张若玉. CCUS 产业发展现状与前景分析 [J]. 国际石油经济，2021，29（8）：99-105.

[10] 杨亮，刘淼儿，范嘉堃，等. LNG 耐超低温柔性管道研究进展综述：工业应用与结构设计分析 [J]. 力学学报，2022，54（10）：18-20.

[11] 胡文瑞，鲍敬伟. 石油行业发展趋势及中国对策研究 [J]. 中国石油大学学报（自然科学版），2018，42（4）：1-10.

[12] 邬琼. 美国能源政策趋势变化分析 [J]. 中国物价，2019（3）：57-59.

螺旋式油管内壁在线刮蜡装置在清洁化作业中的应用

王志贤，张　正，吴　刚，李俊峰，黄忠胜

（大庆油田有限责任公司第八采油厂）

摘　要： 为了解决采油井油管内壁油蜡地面清洗时间长，以及清洗产生的污油、污水容易造成环境污染等问题，开展了螺旋式油管内壁在线刮蜡装置的研究。通过液压方式推动该刮蜡装置沿油管内壁下行刮蜡，当该刮蜡装置遇阻时，解堵喷头喷射出高温高压射流，对该刮蜡装置底部堆积的油蜡进行强力冲刷并将其融化成液态，从而解除卡阻并顺利刮蜡至管柱底部。现场应用结果表明，油管内壁清洗时间由原来的平均 8h 左右缩短为 1.5h 左右，提高工作效率 80% 以上，刮蜡一次合格率为 100%。该刮蜡装置将传统的油管地面清洗转化为井筒内清洗，清洗产生的污油、污水返排至回收装置，有效避免了环境污染，应用前景较好。

关键词： 螺旋式；油管内壁；刮蜡；喷射；解堵；清洁化作业

对抽油机井进行检泵作业，起出的油管内壁附着很多油蜡，为了避免卡泵情况的发生，再次下井前需要利用蒸汽通过油管地面清洗器[1]对油管内壁的油蜡进行清洗，污油、污水通过钢制杆管摆放平台进行收集。清洗过程中如遇大风和大雨等恶劣天气，存在着蒸汽油雾飘散和污油外溢等污染环境的风险。通过相关论文可知，张义胜等[2]通过清洗泵提供的高压水射流装置实现油管内壁的清洗，但 120QYJ 型全自动封闭式油管清洗机结构复杂，搬运及维护困难，无法在现场推广应用。姚飞[3]和于海山等[4]论述了杆管在线清洗技术，但没有对油管内壁在线清洗的相关论述。张娟等[5]研究了在动力液作用下，除垢器的胶套遇压膨胀，密封装置与油管之间的环空，作用在装置上部产生的动力液驱动涡轮转子旋转，并通过主轴带动磨铣头转动，对油管内壁污垢进行刮削，但是该装置涡轮转子结构复杂，且胶套受硬质垢及油管接箍内侧螺纹磨损，容易失去密封作用，动力液的压力无法保证；同时因该装置在油管内无法悬挂，下部的磨铣头也无法旋转实施刮削，而且该装置下行过程中容易遇阻而无法继续刮削操作。

为了解决上述问题，研制了螺旋式油管内壁在线刮蜡装置，通过刮削、清洗、预热和解堵相结合的方式对油管内壁油蜡进行刮削，有效解决蜡堵遇阻问题，可一次性从井口刮蜡至管柱底部，污油、污水直接返排至污油、污水回收装置，实现了清洁化作业无污染的目标。

1 结构组成

螺旋式油管内壁在线刮蜡装置主要由定压球阀、螺旋刮块[6]、螺旋凹槽和解堵喷头[7]等部件组成（图1），其中定压球阀由阀球座、阀球、弹簧、调节压帽组成，其结构如图2所示。

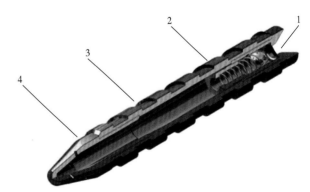

图1　螺旋式油管内壁在线刮蜡装置结构示意图
1—定压球阀；2—螺旋刮块；3—螺旋凹槽；4—解堵喷头

第一作者简介： 王志贤，1972 年生，男，高级工程师，现主要从事井下作业技术管理工作。

邮箱：wangzhixian@petrochina.com.cn。

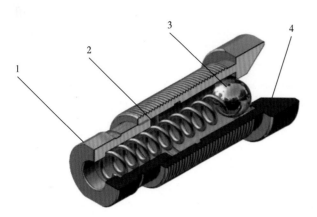

图 2　定压球阀结构示意图

1—调节压帽；2—弹簧；3—阀球；4—阀球座

2 技术原理

2.1 工作原理

通过液压方式推动刮蜡装置沿油管内壁下行刮蜡，当刮蜡装置遇阻时，解堵喷头喷射出高温高压射流解除卡阻。

操作步骤如下：将抽油杆投入油管内，打开泄油器，在井口将刮蜡装置投入油管内腔，通过泵车泵入高温高压液体推动刮蜡装置沿油管内壁下行刮蜡，螺旋凹槽内通过的流体对刮蜡装置周围的油蜡进行冲洗，并携带刮下的油蜡下行至泄油器返至油套环空，同时凹槽通过的流体对刮蜡装置下部的油蜡进行预热，使油蜡变软、变薄，为刮蜡装置顺利下行刮蜡创造有利条件；当刮蜡装置遇阻时，定压球阀打开，从解堵喷头喷射出的高温高压射流对堆积在刮蜡装置下部的硬质油蜡进行冲刷，融化成液态从而解除卡阻，顺利刮蜡至管柱底部，一次性完成全井油管的刮蜡和清洗操作。

2.1.1 螺旋刮块及螺旋凹槽

螺旋刮块的纵向截面为长方形，厚度为4.0mm，总长度为300mm，用于对油管内壁油蜡进行刮削。螺旋刮块与螺旋凹槽（图 3）的夹角为90°，螺旋刮块的螺旋曲面切线与油管内壁水平面有一定的倾斜角度；螺旋凹槽两侧立边与底面垂直，使更多的液体压力作用在螺旋刮块上，大幅度地增加了装置的下行动力，减少了刮蜡装置的下行阻力，提高了油管内壁的刮蜡效率。

图 3　螺旋刮块和螺旋凹槽模型图

2.1.2 定压球阀

定压球阀的阀球座通过螺纹连接在螺旋刮块内部，阀球座内部设有阀球，其下端内侧连接调节压帽，调节压帽与阀球之间设有弹簧，弹簧弹力将阀球紧紧挤压在阀球座上，保证阀球与阀球座之间的密封。

（1）定压球阀压力预先设定，实现了球阀高压力的开启。根据起出抽油杆上附着的油蜡硬度情况，可通过旋转调节压帽预先压缩弹簧至一定长度，来设定定压球阀的开启压力。调节压帽的范围为 0~25mm，球阀开启压力的范围为 5~20MPa；调节压帽的内径略大于弹簧压缩最大量时的外径，以保证弹簧压缩时轴向固定牢靠，且使弹簧压缩至最大量时不会产生轴向破坏变形。

（2）阀球座内腔、调节压帽内径、解堵喷头喷孔的过流面积依次递减，保证较高的过流压力。为了保证将刮蜡装置上部的压力传送到解堵喷头，阀球座上部通孔为上大下小的圆台形，底部最小处的内径面积大于阀球与阀球座内腔之间的环形空间面积，阀球与阀球座内腔之间的环空面积大于调节压帽下端的过流面积。

2.1.3 解堵喷头

解堵喷头下端为锥形（图 4），且锥面上开有若干个喷孔，喷孔沿轴线方向分为两排，其中最下排喷孔方向与螺旋刮块的中心线夹角为90°，下排喷孔位于锥形喷头的最下端，其余喷孔呈 45°~75°。

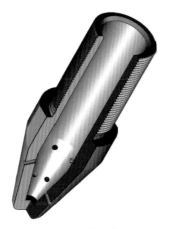

图 4　解堵喷头模型图

（1）高温高压射流喷射，融化硬质油蜡，实现快速解堵。喷孔的布置方式，使喷孔喷射液流至油管内壁时不超过锥形解堵喷头最下端的水平位置，可有效将堆积在锥形解堵喷头周围的硬质油蜡快速冲刷掉，并融化成液态，保证喷射解堵效果；多排喷孔的组合通过高温高压射流的喷射范围可以充分覆盖解堵喷头锥面上下两端范围内的硬质油蜡，强力快速冲刷，预热融化后从油管内壁上剥离下来，被下行液流快速带走，从而快速解除蜡堵。

（2）调节压帽过流面积大于所有喷孔过流面积的总和，有效提高喷射力。当通过阀球座内孔上部的液流压力作用在阀球上部，在阀球的压力作用下压缩弹簧进入阀球座内腔时，应保证调节压帽下端的过流面积大于所有喷孔的过流面积总和，可以保证

装置解堵喷头的喷孔喷射出的高温液流保持足够的喷射压力；同时保证装置上部有足够的压力，将刮蜡装置下部的硬质油蜡冲刷下来，并快速融化成液态，融化的蜡液通过向下流动的液流被携带至油管柱底部，经管柱下部的泄油器泄油孔返排至油套环空，从而解除刮蜡装置的卡阻问题。

2.2 技术参数

刮蜡装置外径为 58mm，总长度为 400mm，凹槽与水平面成 21°夹角；定压球阀的开启压力在 5~20MPa 之间，保证装置有足够的喷射压力；喷孔与水平方向成 75°夹角，使喷射范围在锥台水平面内，从而解除蜡阻；螺旋凹槽的截面积大于泄油器空心销钉截面积，起管柱时管内无液体。

3 现场应用

2021 年 10 月—2022 年 10 月，在 X 采油厂 315 口采油井检泵过程中应用该刮蜡装置，一次成功率为 100%，清洗时间由平均 8h 缩短至 1.5h，效率提高 80% 以上，刮蜡一次合格率为 100%，污油污染率为零。具体操作过程如下：

首先，准备一个刮蜡装置（图 5a）、投杆撞击泄油器（图 5b）；将油管柱泄油器打开，在井口投入刮蜡装置（图 5c）；将水泥车管线与井口连接，通过油管正打压（图 5d）推动刮蜡装置下行至管柱底部。

a. 刮蜡装置

b. 投杆撞击泄油器

c. 投入刮蜡装置

d. 水泥车正打压表

图 5　现场设备照片

由于泄油器打开，油管内油水全部泄至套管内，可避免携带至地面，平均单井少产生污油、污水 4.7m³；起出的油管排列在油管桥上，油管内壁刮蜡效果达到下井要求（图6）。

图 6　装置刮蜡清洗效果

通过现场应用，具体效果如下：

（1）将传统的油管内壁清洗方式由地面转至井筒，实现了油管内壁刮蜡、清洗、回收一体化操作，有效避免了污油、污水落地造成的环境污染。

（2）由于采取螺旋凹槽、定压球阀和解堵喷头相结合的方式，可有效解除刮蜡过程中油蜡卡阻问题，一次性完成全井油管的刮蜡清洗操作。

（3）起管柱时，螺旋凹槽的过流面积大于泄油器泄油孔的过流面积，保证起管柱时管内无油水，消除了油管内油水携带至地面污染环境的隐患。

（4）洗井液量由反洗井 48m³ 减少到正刮蜡洗井 12m³，使进入套管内及地层的洗井液量大幅减少，缩短了抽油机井无效抽液时间，降低了抽油机耗电量。

4　结　论

（1）螺旋式油管内壁在线刮蜡装置通过螺旋刮块和螺旋凹槽的设计方式，可实现刮蜡过程中随冲洗、随刮削、随冲走、不堆积，有效减少卡阻情况发生。

（2）该刮蜡装置采用定压球阀和解堵喷头的组合结构，可实现随喷射、随震动、随融化、随冲走的连续操作方式，从而快速解堵。

（3）应用该装置的单井少产生污油、污水 4.7m³，如在油田推广，可大幅降低锅炉柴油消耗和污油、污水处理成本，具有广阔的应用前景。

（4）杆卡严重的井，当抽油杆起出后，需要先反洗井将油蜡变软，再应用该刮蜡装置进行刮蜡操作，但刮蜡清洗时间较长，对此问题需要再进一步研究，寻找解决方法。

参考文献

[1] 王志贤，刘书志，李俊峰，等. 油管地面清洗器的研究与应用 [J]. 石油石化节能，2016，6（11）：8-9.

[2] 张义胜，陈金利，侯心爱，等. 120QYJ 型全自动封闭式油管清洗机的设计及试验 [J]. 科技资讯，2023，21（3）：38-42.

[3] 姚飞. 油水井清洁作业技术研究与应用 [G]// 大庆油田有限责任公司采油工程研究院. 采油工程 2021 年第 2 辑. 北京：石油工业出版社，2021：47-52.

[4] 于海山，王庆太. 杆、管在线清洗环保作业技术研究与应用 [J]. 石油石化节能，2018，8（8）：67-69.

[5] 张娟，石亮亮，陈飞，等. 新型注水井除垢器的设计与研制 [J]. 石油机械，2014，42（11）：174-177.

[6] 威廉·J兰金，萨普尔帕·OK，马修·W洛根，等. 管道切屑装置：US9505040B2 [P]. 申请日期：2015 年 7 月 27 日，授权日期：2016 年 11 月 29 日.

[7] 郑淑梅. 水射流油管清洗喷嘴结构的优化研究 [G]// 大庆油田有限责任公司采油工程研究院. 采油工程 2021 年第 1 辑. 北京：石油工业出版社，2021：72-76.

同孔重复射孔数值模拟

王晓巍[1]，姜彦东[1]，刘敬伟[1]，盛　军[1]，宋　欣[2]

(1. 大庆油田有限责任公司装备制造集团；2. 大庆油田有限责任公司试油试采分公司)

摘　要：同孔重复射孔是指射孔弹对某一位置进行连续侵彻，从而达到增加孔深的目的。为提高同孔重复射孔弹性能，开展同孔重复射孔数值模拟研究。基于 ANSYS/LS-DYNA 的完全重启动功能，研究实现了数值模拟同孔重复射孔侵彻过程，并建立了一套同孔重复射孔数值模拟计算方法。与试验结果对比，模拟穿深结果与试验结果符合率达到85%以上，为同孔重复射孔的方案筛选及优化设计提供了理论指导。

关键词：射孔弹；同孔重复射孔；数值仿真；完全重启动；优化设计

资料表明，我国非常规油气资源丰富，可成为常规油气的战略接替。非常规油气占总资源量的 22.41%[1]，因此对低渗透油气储层的技术探索日益受到研究学者们的重视。但低渗透油气储层孔隙度低、渗透率低、岩体结构复杂、方向多变、压力低，这都对射孔弹的穿深性能提出了更高要求。在现有理论和技术条件下，射孔弹的穿深性能很难再有突破性进展，因此提出了重复射孔的理念。马晓丽等[2]通过调整射孔器下部定位槽方向及补偿装置高度，实现了同孔重复射孔。目前关于同孔重复射孔的基础理论研究尚不完善[3]，现有的数值模拟方法不能对其侵彻过程进行完整的数值模拟。采用模拟计算既可给同孔重复射孔方案筛选及优化设计提供更多的理论指导，进而推进理论与实验研究进程，又可节约科研成本，因此建立同孔重复射孔数值模拟计算方法尤为重要。

一方面，通过模拟计算分析确立了仿真平台；另一方面，以砂岩靶为例采用同孔重复射孔技术。基于确立的仿真平台对带围压的同孔重复射孔侵彻过程进行了三维数值模拟，最终对射孔弹的相关参数进行调试，建立了同孔重复射孔数值模拟

材料状态方程参数数据库，建立了一套同孔重复射孔数值模拟计算方法。

1 同孔重复射孔数值模拟仿真平台确立

ANSYS AUTODYN 是一个显式有限元分析程序，该软件拥有 Euler、Lagrange、ALE、SPH 等众多非常优秀的求解器，以及300多种常用的材料数据库和完全的流固耦合技术。该软件广泛应用于弹道学、战斗部设计，以及穿甲、爆轰、水下爆炸等问题的分析研究[4]，如战斗部设计及优化，水下爆炸对舰船的毁伤评估，石油射孔弹性能研究。

ANSYS-LS-DYNA 是世界上最著名的通用显式动力分析程序，能够模拟真实世界的多种复杂问题，特别适合求解二维、三维非线性高速碰撞、爆炸问题和金属成型非线性动力冲击问题，同时可以求解传热、流体及流固耦合问题。

因此采用两款软件对同孔重复射孔数值模拟仿真计算，并对二者模拟计算结果进行分析。

1.1 AUTODYN 数值模拟

ANSYS AUTODYN 可以通过导入射孔弹侵彻

第一作者简介：王晓巍，1967年生，男，工程师，现主要从事射孔弹产品开发及推广工作。

邮箱：wangxwei@cnpc.com.cn。

后的砂岩靶模型数据到同孔重复射孔计算模型并对射孔孔道进行水介质填充，进行同孔重复射孔数值模拟计算。

利用 AUTODYN 软件进行同孔重复射孔模拟，有利亦有弊。有利方面是建模过程及被侵彻靶板的数据模型导出、导入较为便捷，形成的射流形状及侵彻过程与实际试验符合良好。不利方面是在模拟仿真计算过程主要存在如下两个问题：（1）对于井液的填充来说，没有较好的效果；（2）在计算过程中，经常出现计算步长过小的提示。如图 1 所示，在触靶后，计算步长的数量级，由常规的 $10^{-4} \sim 10^{-6}$ ms 级降至 $10^{-10} \sim 10^{-12}$ ms 级，导致数值模拟的计算时间增加到数月或以上，效率过低，无法完成模拟计算。

图 1　二次射孔过程图

经过分析可知，导出的靶板模型数据带有第一次射孔时的残余应力，无法在 AUTODYN 二次建模时对残余应力进行消除（图 2），因此 AUTODYN 无法完成射孔弹的同孔重复射孔过程数值模拟计算。

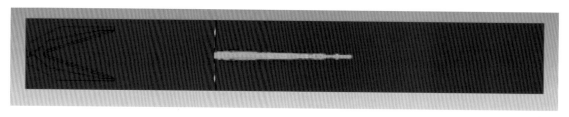

图 2　AUTODYN 二次射孔靶板残余应力图

1.2 LS-DYNA 数值模拟

1.2.1 二维有限元模型

射孔弹模型为轴对称模型，应用 DYNA-2D 进行数值模拟，有着较高的运算速度，有利于节约计算时间，并具有更高密度网格。但经过网格调整和反复建模，通过 DYNA 二维有限元模型计算得到的数值模拟过程射流的最大速度较低，且过早地出现射流拉断现象，形成的射流质量较差，仿真结果不能较好体现射孔弹形成射流的实际情况。

1.2.2 三维有限元模型

射孔弹侵彻穿靶过程实际上是在三维空间中进行的，利用 DYNA-3D 方法对该过程进行数值模拟。相较二维平面数值模拟来说精度及仿真程度更高，但因三维有限元模型结构规模较大，且射孔弹和靶板都是轴对称结构，为节省时间和计算内存，建立四分之一模型进行计算，然后通过对称的方法得到整个模型[5]。

经过 DYNA-3D 数值模拟得到射孔弹侵彻砂岩靶过程数值模拟。其射流在成型时，头部速度为 6500 ～ 7000m/s，具有较高的速度和动能。整个射流在触靶前，没有出现拉断现象；触靶后，对砂岩靶的侵彻效果和实际情况较为接近。进行同孔重复射孔侵彻砂岩靶试运算，未出现射流拉断、堆积及时间步长过小等问题，因此表明 DYNA-3D 可以用于同孔重复射孔射流成型及对靶侵彻过程的数值模拟计算。

2 同孔重复射孔侵彻过程仿真

2.1 材料本构模型及状态方程的选取

同孔重复射孔数值模拟中选用材料本构模型

及状态方程恰当与否直接影响模拟计算结果。

　　材料的本构模型又称材料的力学本构方程，或材料的应力—应变模型，是描述材料力学特性的数学表达式，即应力—应变关系的数学表达式。在同孔重复射孔模拟计算中，炸药选用 High Explosive Burn 材料模型，空气、水选用 Null 材料模型，射孔弹壳体选用 Plastic Kinematic 材料模型。

　　状态方程是表征压强、密度、温度 3 个热力学参数的函数关系式。不同模型有不同的状态方程，在同孔重复射孔模拟计算中炸药选用 JWL 状态方程，空气、水选用 Linear Polynomial 状态方程[6]。

2.2 同孔重复射孔方法的实现

　　因 ANSYS/LS-DYNA 不具有数据导出提取功能，所以需要使用其具有的完全重启动功能实现模拟射孔弹的同孔重复射孔穿靶过程。

　　同孔重复射孔数值模拟方法如下：建立有限元模型时，需要在第一次射孔弹模型的基础上在相同位置建立第二次射孔时的射孔弹、枪套、井液、空气的有限元模型，并对第一次射流侵彻砂岩靶而产生孔洞的区域进行井液的填充，用以模拟井下的真实情况。在完成第一次射孔模拟计算后，需要利用 * DELETE_PART 关键字，删除第一次侵彻的射孔弹射流、射孔弹壳体、装药、枪、空气域等模型，仅保留管套、靶板的 Parts 和 Element 参数[7]。使用 * STRESS_INITIALIZATION_｛OPTION｝关键字对砂岩靶及套管进行应力初始化，在进行重复射孔数值模拟计算时，井液应当充满于一次射孔之后留下的孔洞中，为了快速完成孔洞中的井液填充，采用材料替换的方式，对后端空气域中心部位 Part 的材料设置为井液的材料模型和状态方程，经过验证，此方法可较好地完成井液的快速填充。使用 * CONSTRAINED_LAGRANGE_IN_SOLID 关键字，激活第二次侵彻时的射孔弹装药、射孔弹药型罩、射孔弹壳体、第二次射孔前段空气域、射孔枪、第二次射孔枪管和套管之间的井液、孔洞内井液模型，并在重新设置运行时间后启动 LSDYNA 进行数值模拟，完成整个同孔重复射孔数值模拟计算。同孔重复射孔有限元模型建立及侵彻结果如图 3 所示。

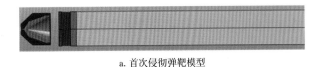

a. 首次侵彻弹靶模型

b. 两次射孔弹隔离示意

c. 首次侵彻仿真结果

d. 重复射孔弹靶模型

e. 重复射孔仿真结果

图 3　同孔重复射孔计算模型及侵彻结果图

2.3 射流停止侵彻判断依据

　　分析射流侵彻砂岩靶的仿真结果，得到侵彻深度随时间变化情况，如图 4 所示。由图可知，20μs 时，射流接触靶板，开始对砂岩靶进行侵彻，由于具有的速度和动能较大，侵彻深度增长速率较快；140μs 后侵彻深度增长较小，大约每 5μs 增长 0.2～0.3mm。

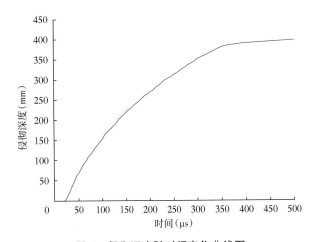

图 4　侵彻深度随时间变化曲线图

射流动能变化曲线如图 5 所示。由图可以看出，10μs 时射流具有最大动能，数值约为 7.5×10^4J；随着射流受到空气阻力的影响，速度降低，其在触靶时刻的动能约为 6.0×10^4J；随着时间的增加，侵彻深度随着射流动能的降低而增加。当射流动能稳定在 2.5×10^3J 时，侵彻深度基本不再增加，射流动能也保持平稳。可以认为，当射流动能小于 2.5×10^3J 时，射流对靶板的侵彻停止。

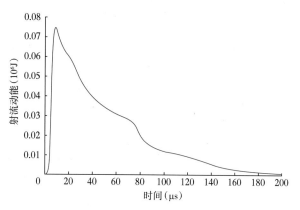

图 5　射流动能变化曲线图

3　同孔重复射孔弹设计方案计算

应用同孔重复射孔数值模拟技术对 102 型射孔弹产品进行了优化设计，研发出 102 型同孔重复射孔弹，计算结果与试验结果如表 1 所示。通过同孔重复射孔模拟计算、优化筛选，确定同孔重复射孔弹设计方案二次穿靶的穿深性能提高 60% 以上，计算符合率达 85% 以上。

表 1　同孔重复射孔模拟和试验数据表

序号	射孔次序	型号	计算结果 (mm)	实验结果 (mm)	计算符合率 (%)	穿深提高率 (%)
1	一次	DP44RDX 38-3	405.6	370	90.4	61.4
	二次	优化方案一	655.2	597	88.1	
2	一次	DP44RDX 38-4	405.6	368	89.8	63.0
	二次	优化方案二	684.2	600	86.0	

4　结　论

（1）应用 ANSYS/LS-DYNA 数值模拟平台，采用 ANSYS/LS-DYNA 完全重启动功能，利用 ANSYS/LS-DYNA 仿真软件的关键字将第一次模拟计算穿靶数据带入第二次模拟计算中，并隔离两次模拟计算数据干扰，消除靶板及套管残余应力，实现同孔重复射孔穿靶过程的数值模拟计算。

（2）同孔重复射孔数值模拟计算方法对不同结构射孔弹进行同孔重复射孔数值模拟计算，并分析计算结果，可以研究同孔重复射孔的穿靶机理，为射孔弹方案优化筛选提供依据。

（3）目前，同孔重复射孔数值仿真建模操作较为复杂，模拟计算时间较长，建议进一步简化建模方法，优化仿真计算方案，模拟计算时间。

参考文献

[1] 徐浩, 李明飞, 窦益华. 靶板强度对射孔弹穿深影响的有限元仿真 [J]. 机电工程技术, 2021, 50 (4): 105-109.

[2] 马晓丽, 王晓强, 李丹, 等. 基于实现射孔参数高指标的重复射孔技术 [J]. 中国矿业, 2017, 26 (增刊 2): 381-383.

[3] 王喜, 李尚杰, 马英文, 等. 不同强度致密砂岩对射孔弹穿深的影响 [J]. 测井技术, 2018, 42 (5): 602-606.

[4] 赵文杰, 李哲雨, 李必红, 等. 数值仿真技术在药型罩配方优化中的应用 [J]. 上海化工, 2020, 45 (4): 9-12.

[5] 周杰, 王凤英, 安文同, 等. 基于 LS-DYNA 的射孔弹侵彻煤层可行性探究 [J]. 煤矿安全, 2020, 51 (3): 164-167.

[6] 吴焕龙, 杜明章, 杨超, 等. 射孔弹聚能射流侵彻钢靶的数值仿真与实验分析 [J]. 爆破器材, 2012, 41 (2): 30-33.

[7] 程载斌, 刘玉标, 刘兆, 等. 导弹水下潜射过程的流体—固体耦合仿真 [J]. 兵工学报, 2008, 29 (2): 178-183.

ABSTRACT

Optimization design method for production-increasing fracturing
in tight oil reservoir in the joint development block with vertical and horizontal wells
——Take Chao X block of Chaoyanggou Oilfiled as an example

Jiang Chenggang[1, 2]

1. Production Technology Institute of Daqing Oilfield Limited Company;

2. Heilongjiang Provincial Key Laboratory of Oil and Gas Reservoir Stimulation

Abstract: In order to further solve the problems of low initial production, rapid decline and low recovery in stage after fracturing in Chao X block of Daqing peripheral oilfield, and to achieve high production rates of single well, high oil production rate and high ultimate EOR, the optimization design method in the joint development block with vertical and horizontal wells has been studied. The fracture-controlled reserves in reservoir can be increased by means of "fracturing the formations with good geological condition and abandoning the formations with poor geological condition or fracturing both formations with good geological conditions" in the joint stimulation model of vertical and horizontal wells. The volume fracturing technology by increasing oil production in advance was carried out to promote the production storage and displacement of oil-water infiltration. The results of field application showed that the reserve utilization ratio of the main formation in the joint of vertical and horizontal wells was 83.3%; the overall reserve utilization ratio in the block was 81.7%; the average shut-in time for horizontal well was 43 days; the average time to find oil was 3 days after flowback; and the flowback rate of oil was less than 1%. The average daily increase of oil was 3.3 t at the initial stage in vertical wells, 0.8 t higher than the forecast in design. The optimal design method of production-increasing fracturing in Chao X block has provided an important idea for tight reservoir stimulation and improving the enhanced oil recovery.

Key Words: tight reservoir; combination of vertical and horizontal wells; increase oil production in advance; EOR improvement; fracturing stimulation

Research and application of multi-stage large-scale fracturing technology in vertical wells

Chen Jiali

Production Technology Institute of Daqing Oilfield Limited Company

Abstract: Due to the poor physical properties of low permeability and difficult-to-recover reservoirs, it is difficult to realize the beneficial development by the conventional stimulation technology. Although the multi-branch fracturing technology has achieved good results, the large-scale fracturing leads to some problems, such as severe wear of fracturing tools, and the pipe stuck and tool broken accidents happened frequently, which affects the safety of fracturing operation, in addition, the blowout prevention function does not match in the course of fracturing operation. Through numerical simulation, tool structure optimization design and material optimization, the key fracturing tools such as Y344 packer/hybrid setting and releasing YK packer, wear-resistant pressure transmitting sand jet, and pressure-controlled blowout preventer were developed. According to the evaluation of laboratory experiments and field tests, the technology of multi-stage large-scale fracturing in vertical wells can meet the requirements of temperature resistance of 150℃, and pressure bearing of 80 MPa with the operation flow rate of 8 m^3/min, sand loading scale of 516 m^3 and 8-stage fracturing with one trip of pipe string, which has been applied in 155 wells in the field application. The technology has provided technical support for low-efficiency development and treatment in difficult-to-recover reservoirs, such as Hailar Oilfield and Tamtsag Oilfield.

Key Words: vertical well; multi-stage; large-scale; separate layer fracturing; pressure-controlled BOP

Performance evaluation and field application of a new all-liquid slickwater fracturing fluid with variable viscosity

Shang Hongzhi[1,2], Fan Keming [1,2], Wang Shangfei[1,2], Zhu Wenbo[1,2], Liu Rongquan[1,2]

1. *Production Technology Institute of Daqing Oilfield Limited Company*;

2. *Heilongjiang Provincial Key Laboratory of Oil and Gas Reservoir Stimulation*

Abstract: With the increase of the fracturing operation scale of unconventional wells, the amount of fracturing fluid was continuously increased, and the cost of fracturing is also rising. How to reduce the fracturing fluid cost and meet the on-site operation requirements becomes the key factor to determine to implement the large-scale fracturing. In order to reduce the cost of fracturing fluid, a new type of all-liquid slickwater fracturing fluid system with variable viscosity was developed, and the shear-resistant polymer thickener was optimized. The organic metal zirconium crosslinker and polymer were used to improve the viscosity and sand carrying performance of the fracturing fluid, and the composite additives were added to improve the demulsification and anti-swelling performance of the fracturing fluid, which has formed two sets of formula systems: slickwater with low viscosity and slickwater with high viscosity. The laboratory experiment showed that the thickening performance of the base fluid of both low-viscosity slickwater and the high-viscosity slickwater in fracturing fluid was favorable. The drag reduction rate under high displacement was more than 50%; the viscosity of the gel breaker was not more than 5 mPa · s; the surface tension was not more than 32 mN/m; the interfacial tension was not more than 3 mN/m; the viscosity of the high-viscosity slickwater was still up to 52.1 mPa · s after shearing for an hour; and the performance could meet the requirements of field application. The comprehensive cost per cubic meter of the formula was only 60.4 yuan, which greatly reduced the cost of fracturing fluid per cubic meter and provided guarantee for the unconventional well fracturing operation in large scale.

Key Words: all-liquid; fracturing fluid; low cost; thickener; shear resistance

Analysis of pilot test effect of horizontal wells in M2 block and its reference significance

Jin Li[1,2]

1. *Production Technology Institute of Daqing Oilfield Limited Company*;

2. *Heilongjiang Provincial Key Laboratory of Oil and Gas Reservoir Stimulation*

Abstract: In order to realize a new breakthrough in production for tight oil production in M2 block and meet the requirements of obtaining controlled geological reserves for oil reservoir, the pilot test results of volume fracturing in 5 newly drilled horizontal wells in this block were comprehensively analyzed. Through the comparison and analysis of reservoir physical property, sand body distribution characteristics, fracturing operation parameters and backflow conditions, it is concluded that reservoir physical property foundation was the dominant factor of fracturing effect and reducing well cluster spacing could effectively improve the effect of fracturing. The analysis results can provide an important reference for the scale and high efficient development of tight oil in M2 block.

Key Words: tight oil; horizontal well; volume fracturing; fracturing parameter; back flow system

Study on adaptability of low initial viscosity gel to on-line plugging and profile control injection technology

Xia Junyong[1,2], Zhou Quan[1,2], Lv Hang[1,2], Ke Ke[1,2], Li Ping[1,2]

1. *Production Technology Institute of Daqing Oilfield Limited Company*;

2. *Heilongjiang Provincial Key Laboratory of Oil and Gas Reservoir Stimulation*

Abstract: In order to meet the development requirements of "plugging, profile control and water flooding" for the reservoirs after polymer flooding in Daqing Oilfield, the on-line injection technology with plugging and profile control function was introduced. The technology combines several injection wells with similar pressure into a single injection unit and injecting by a single injection pump, solving the problem that the skid-mounted plugging, profile control technology could not be implemented for large-scale plugging and profile control operation. However, due to the fact that the injection pressure in each well was not exactly the same in the same injection unit, the component mass concentration of the actual injection in each well was slightly different from that in the formulation design. Therefore, the gelling stability experiment of gel with low initial viscosity was carried out. Through tracking the viscosity change of the low initial viscosity gel under different component mass concentration, the effects of cross-linker mass concentration, polymer mass concentration and retarder mass concentration on the gelling performance of gel with low initial viscosity were studied. The experimental results showed that the low initial viscosity gel could not only guarantee the gelling performance of the system stable and reliable, but also meet the needs of the mass concentration range of the cross-linker for deep fixed location plugging was between 6500 mg/L and 9500 mg/L, the mass concentration of retarder ranged from 5000 mg/L to 7000 mg/L, and the mass concentration of polymer ranged from 800 mg/L to 1200 mg/L. The study has certain guiding significance for the on-line plugging and profile control injection technology for the on-site operation.

Key Words：on－line plugging and profile control；low initial viscosity gel；stability；gelling performance；cross－linking agent；polymer

Study and field test of CO$_2$ huff and puff technology in tight oil wells of Daqing Oilfield after large scale fracturing

Wang Deqing

No.7 Oil Production Company of Daqing Oilfield Limited Company

Abstract：Due to poor physical properties , poor water flooding effect, no energy supplement after fracturing, and quickly decline production in Fuyu tight reservoir in the periphery of Daqing, the study on CO$_2$ huff and puff technology has been carried out in Fuyu tight reservoir, so as to supplement the formation energy and ensure the development effect after fracturing. Starting from the main control mechanism for CO$_2$ stimulation, the lower limit of pores for CO$_2$ huff and puff volume was determined by the nuclear magnetic detection experiment of oil displacement. The producing law by CO$_2$ huff and huff was studied by the 3D HTHP physical model experiment, and the principle of well selection and the design standard of process parameters were optimized by numerical simulation. Since 2016, 16 wells tests have been carried out at well site; the cumulative incremental oil was 14074.5 t during one stage and the enhanced oil recovery was 2.41%, which provided technical support for improving the development effect in tight oil reservoir.

Key Words：tight reservoir；fracturing；CO$_2$ huff and puff；main control mechanism；producing law

Discussion on the application of load－reducing technology for tower pumping unit

Zhang Xiaojuan, Xu Guangtian, Zhu Yingjun, Kong Lingwei, Li Jian

No.4 Oil Production Company of Daqing Oilfield Limited Company

Abstract：Because tower pumping unit applies the principle of gravity balance, the operation of the equipment is greatly affected by the well conditions. The excessive load in the downhole can easily cause the overload shutdown phenomenon. In order to further tap the potential of energy－saving and avoid the overload shutdown problem of tower pumping unit, two kinds of load－reducing measures for tower pumping unit were discussed by analyzing the suspension point load and motor equipment load of tower pumping unit. For the high－load well of the tower pumping unit, the load－reducing technology for continuous sucker rod with the carbon fiber and the optimal load－reducing combination measures were adopted respectively according to the submergence condition. The average maximum suspension load decreased by 14.39 kN after the application of carbon fiber continuous sucker rod. The average daily liquid increment was 19.1 t; the submergence lowered by 171 m; and the average maximum suspension load increased only 3.6 kN by using the optimal load－reducing combination measures to change the big pump. Good results have been achieved after adopting two load－reducing measures, which have solved the problem of overloading shutdown of tower pumping wells, and provided a technical guarantee for load reduction, efficiency improvement and stimulation measures in tower pumping units.

Key Words: overload; load-reducing; high submergence; heavy load; carbon fiber

Development of beam-balanced hydraulic pumping unit

Peng Zhangjian

Equipment Manufacturing Group of Daqing Oilfield Limited Company

Abstract: The non-beam hydraulic pumping unit adopts the structure of hydraulic cylinder directly connecting sucker rod currently, which results in the high lifting load of the hydraulic cylinder, high working pressure in the hydraulic system, high investment in hydraulic system and big impact, with some defects including the complex shifting displacement and reset operation of the wellhead for hydraulic pumping unit. In order to solve the problems, the research of beam-balanced hydraulic pumping unit has been carried out. By adopting the hydraulic driving technology, utilizing the telescopic movement of the hydraulic cylinder, the beam can be rotated around the supporting seat at the upper end of the support bracket. The tail end of the beam is a counterweight, and the beam is equipped with a balance adjusting device, which can effectively solve the above problems. Taking advantage of the characteristics of small distance between platform wells and infill wells, several beam-balanced hydraulic pumping units can be driven by a hydraulic workstation, solving the problems of high material consumption and energy consumption in the conventional pumping units. At present, the prototype has been tested, and the equipment runs smoothly. The weight of the single machine is reduced by 35.3%, and the energy consumption is reduced by 20%. For platform well and infill well, the research on beam balanced hydraulic pumping technology can realize efficient oil recovery.

Key Words: hydraulic pumping unit; beam balance type; hydraulic system; balance adjustment; structure design

Application of oil-based drilling fluid in Xushen gas field

Ma Jinlong, Tao Lijie

Production Technology Institute of Daqing Oilfield Limited Company

Abstract: In Xushen gas field, there exists the following problems: the mudstone in Denglouku Formation was well developed leading to the poor wellbore stability; the wellbore of Yingcheng Formation was easy to collapse and debris falls, making it difficult to clean the wellbore; the fracture of Target Formation was well developed to produce the obvious contradictions between controlling gas reservoir pressure and preventing and plugging leakage, and the safety density window of drilling fluid was narrow. The CO_2 was rich in natural gas, which was easy to cause pollution; the drilling operation has high torque and friction while drilling the horizontal wells with long horizontal section. According to the geological characteristics and operation requirements of the Xushen gas field, the oil-based drilling fluid system has been optimized, and its performance in laboratory was evaluated as well as the application effect at well site was analyzed. The results of laboratory evaluation showed that the oil-based drilling fluid has stable performance, the demulsification voltage was over 600 V, the HTHP filtration loss was less than 3 mL, and it could resist 180 ℃ high temperature with strong resistance to rock cuttings pollution. Tripping was smooth in drilling operation, and the instability of wellbore and other complex problems were never happened. The mechanical drilling speed was increased and the casing was lowered once down in place. In the aspect of drilling fluid, the problems of poor wellbore stability, difficult wellbore cleaning, formation leakage, formation damage caused by CO_2 and high engineering requirement were effectively solved.

Key Words: Xushen gas field; deep gas; horizontal well; oil-based drilling fluid; drilling fluid properties

Research and application of key technologies for one-run drilling for medium and deep horizontal wells of Daqing Oilfield

Li Ning[1], Li Bo[1], Bi Chenguang[2], Zhang Yuenan[1], Li Jifeng[3]

1. *Drilling Engineering Company of Daqing Oilfield Limited Company*;

2. *Exploration Division of Daqing Oilfield Limited Company*;

3. *Production Technology Institute of Daqing Oilfield Limited Company*

Abstract: In order to solve the operation problems of wellbore instability, unstable tool surface in slip drilling and difficult wellbore cleaning in the One-run drilling of the third-spud 215.9 mm diameter hole for the medium and deep horizontal wells of Daqing Oilfield, the mechanism of wellbore instability has been studied from the geological and drilling characteristics in Qingshankou Formation based on rock mechanics analysis and pressure transmission theory. By using numerical simulation method, the cuttings bed thickness and fluid state distribution were calculated under drilling parameters, and the optimal drilling parameters were determined. The one-run drilling matching technology has been formed, which based on the optimization of plugging formula of oil-based drilling fluid, the optimization of technology and equipment while drilling, and the drilling parameters of "three major and two high" as cores. Through field application, the maximum one-run drilling footage reached 3334 m, which deepened the understanding of technical feasibility and provided strong technical support for accelerating drilling speed in medium and deep horizontal wells.

Key Words: Qingshankou Formation; horizontal well; one-run drilling; third-spud drilling; wellbore instability

Research on tapping potential of remaining oil and matching technology of U-Ⅲ formation in AKM Oilfield

Yang Baoquan, Li Qi, Deng Xianwen, Zhu Lei, Gao Jia

Production Technology Institute of Daqing Oilfield Limited Company

Abstract:Due to the complex sedimentary environment and lithology, and the serious reservoir heterogeneity in

U－Ⅲ the main production formation of AKM Oilfield, the water cut rises quickly, and the water flooding is severe after water injection, making it difficult to tap the potential of remaining oil. In order to solve the problems, the characteristics of heterogeneity, water flooding and distribution of remaining oil in U－Ⅲ formation were studied based on the analysis of logging data and production data, and the adjustment strategy has been put forward. According to the characteristics of high temperature and high salinity of reservoir in AKM Oilfield, the matching water shutoff agent and complex acidizing plug removal agent were studied. The study showed that the remaining oil in U－Ⅲ formation was mainly on the top of reservoir, followed by the remaining oil formed by low well pattern control and imperfect injection－production relationship. After plugging the core with water shutoff agent, the core breakthrough pressure was higher than 12 MPa, and the core plugging rate was over 97%. The acid plugging removing agent has strong dissolve ability to the high－calcium core, drilling fluid and mechanical impurities. Core physical model experiment showed that the permeability was increased by 93.4% , with obvious acidizing effect. A comprehensive adjustment strategy for tapping potential of remaining oil was made, and field tests in 5 wells have been carried out. After taking the measures, the average daily liquid production of single well decreased from 122.7 t to 109.3 t, the average daily oil production of single well increased from 32.3 t to 72.3 t, and the comprehensive water cut decreased from 73.7% to 33.9%, with obvious effect of increasing oil and decreasing water.

Key Words: tapping potential of remaining oil; heterogeneity; high temperature and high salinity; increasing oil and decreasing water; water flooding

Development and research of supporting engineering technology for new energy under two－carbon targets

Zhang Dianxu, Feng Li, Jin Dongming, Fan Wengang, Zhang Chuang

Production Technology Institute of Daqing Oilfield Limited Company

Abstract: Under the background of energy transformation, how does the oil production engineering system promote the green and low－carbon development of oilfield companies is of great significance to control "carbon peak, carbon neutrality", to cope with the global climate change and to realize the sustainable development of social economy. After collecting data with the literature method to understand the situation of the oil and gas industry, the four new business areas of CCUS, geothermal energy, UCG and green energy utilization were explored by using the benchmarking tools in the strategic analysis, and the technical difficulties in each field and the gaps in existing supporting engineering technologies were clarified to put forward the future development orientation and goals. The recommendations are given by analysis and research, i.e. the oil production engineering system should strengthen top－level coordination and leadership, accelerate the integration of oil production engineering and new energy development, enlarge the investment in the basic and reserve technology, accelerate the declaration of intellectual property achievements, strengthen the cooperation and the construction of R & D platform, increase the innovation attempts of management mode, create new energy industry chain technically, promote "oil, gas, new energy" industry chain integration in two ways, and realize multi－dimensional development.

Key Words: oil production engineering; new energy; supporting engineering; CCUS; geothermal energy; UCG

Application of spiral on-line wax scraping device for cleaning inner wall of tubings in cleaning operation

Wang Zhixian, Zhang Zheng, Wu Gang, Li Junfeng, Huang Zhongsheng

No.8 Oil Production Company of Daqing Oilfield Limited Company

Abstract: In order to solve the problems of long cleaning time when cleaning the oil and wax attached on the inner wall of tubings in the producers on the ground, and environmental pollution caused by the sewage oil and waste water, the spiral on-line wax scraping device for cleaning inner wall of tubings was developed. The wax scraping device is driven downward inside the tubing by hydraulic pressure to scrape wax. When the wax scraping device encounters resistance, a HTHP jet is ejected from the unblocking nozzle, which forcefully washed and melted the accumulated oil and wax at the bottom of the wax scraping device into liquid state, so as to remove the blockage and scrape the wax to the bottom of the pipe string smoothly. The results of field application showed that the cleaning time for the wax attached on the inner wall of tubing was shortened from 8 hours to 1.5 hours; the work efficiency was improved more than 80%; and the one-time qualified rate of wax scraping was 100%. The wax scraping device transforms the traditional cleaning of tubings on the ground into the wellbore cleaning, and the sewage oil and waste water generated from the cleaning operation are discharged back to the recovery device, thus effectively avoiding the environmental pollution, which has good application prospect.

Key Words: spiral; tubing inner wall; wax scraping; spray; unblocking; cleaning operation

Numerical simulation of repeated perforating in the same hole

Wang Xiaowei[1], Jiang Yandong[1], Liu Jingwei[1], Sheng Jun[1], Song Xin[2]

1. Equipment Manufacturing Group of Daqing Oilfield Limited Company;

2. Oil Testing and Perforating Company of Daqing Oilfield Limited Company

Abstract: The repeated perforating in the same hole means that the perforating bullet penetrates a certain position continuously, so as to increase the hole depth. In order to improve the performance of the same hole repeated perforating, the numerical simulation of repeated perforating penetration process in the same hole has been carried out based on the full restart function of ANSYS/LS-DYNA, and a set of numerical simulating calculation method for repeated perforating in the same hole has been established. Compared with the test results, it showed that the coincidence rate between the simulated penetration results and the test results was more than 85%, which provided theoretical guidance for the scheme selection and optimal design of the repeated perforating in the same hole.

Key Words: perforating bullet; repeated perforating with same hole; numerical simulation; full restart; optimal design